Sumathi M
Sheela S

Investigações sobre SOP

Sumathi M
Sheela S

Investigações sobre SOP

Diagnóstico precoce da SOP

Imprint

Any brand names and product names mentioned in this book are subject to trademark, brand or patent protection and are trademarks or registered trademarks of their respective holders. The use of brand names, product names, common names, trade names, product descriptions etc. even without a particular marking in this work is in no way to be construed to mean that such names may be regarded as unrestricted in respect of trademark and brand protection legislation and could thus be used by anyone.

Cover image: www.ingimage.com

This book is a translation from the original published under ISBN 978-620-7-45704-5.

Publisher:
Sciencia Scripts
is a trademark of
Dodo Books Indian Ocean Ltd. and OmniScriptum S.R.L publishing group

120 High Road, East Finchley, London, N2 9ED, United Kingdom
Str. Armeneasca 28/1, office 1, Chisinau MD-2012, Republic of Moldova, Europe
Printed at: see last page
ISBN: 978-620-7-78974-0

Conteúdo

1. INTRODUÇÃO

Muitas mulheres em idade fértil são afectadas por quistos nos ovários, uma vez que estes são desencadeados pelo ciclo menstrual. A principal causa de infertilidade é um quisto do ovário, que é um saco cheio de líquido. Os quistos do ovário em mulheres pós-menopáusicas podem causar cancro do ovário. De acordo com a Organização Mundial de Saúde, a Índia tem uma prevalência de infertilidade primária entre 3,9 e 16,8 por cento. A principal causa de mortalidade em muitas partes do mundo é o cancro. Entre os vários tipos de cancro, o cancro ginecológico apresenta uma elevada taxa de mortalidade por cancro do ovário. Depois do cancro do útero e do colo do útero, ocupa a terceira posição. Quando comparado com o cancro da mama, é mais letal, embora a prevalência seja menor. Verifica-se que haverá um aumento significativo da taxa de mortalidade devido ao cancro do ovário até ao ano 2040. Isto deve-se ao crescimento secreto do quisto, ao atraso dos sintomas e à falta de um rastreio adequado. Por esta razão, o cancro do ovário é também designado como um assassino silencioso.

Devido à relação do ovário com o cancro do ovário, é importante rever o sistema reprodutor feminino. Por conseguinte, a introdução está dividida nas secções seguintes:

- Visão geral do sistema reprodutor feminino
- Cancros do sistema reprodutor feminino: Uma visão geral
- Cancro do ovário
- Papel da ecografia no diagnóstico do cancro do ovário

1.1 VISÃO GERAL DO SISTEMA REPRODUTOR FEMININO

O sistema reprodutor feminino é constituído pelos órgãos exteriores e interiores. O sistema reprodutor e a forma como cresce e funciona são também afectados por outras partes do corpo. Estas são algumas delas:

- Hipotálamo
- Glândula pituitária
- Glândulas supra-renais

O sistema reprodutor feminino é controlado pelas interacções entre os órgãos genitais, a glândula pituitária e as glândulas supra-renais. Ao produzirem hormonas, estas partes do corpo falam umas com as outras. As hormonas são sinais químicos que dizem ao corpo o que fazer e como o fazer.

A glândula pituitária produz a hormona luteinizante e a hormona folículo-estimulante quando é estimulada pela hormona libertadora de gonadotropinas. Estas hormonas dizem aos ovários para produzirem estrogénio e progesterona, que são as hormonas sexuais femininas, bem como algumas hormonas sexuais masculinas (androgénios). Depois do nascimento do bebé, o hipotálamo diz à glândula pituitária para produzir prolactina, uma hormona que faz com que a mulher queira produzir leite. As hormonas sexuais masculinas e femininas são produzidas em pequenas quantidades pelas glândulas supra-renais.

1. Órgãos genitais internos femininos

Um percurso é formado pelos órgãos genitais internos (o trato genital). Estas etapas constituem este trajeto:

- O esperma é colocado na vagina, que é uma parte do canal de parto de onde pode sair um bebé.
- O esperma entra pelo colo do útero, que é a parte mais baixa do útero, e abre-se (dilata-se) quando a mulher está pronta para dar à luz.
- O local onde o feto se pode desenvolver é no útero.
- Depois de passar pelo colo do útero e pelo útero, os espermatozóides podem fertilizar um óvulo nas trompas de Falópio (ovidutos).
- Os óvulos são produzidos e libertados pelos ovários.
- Os óvulos podem deslocar-se para baixo do trato e os espermatozóides para cima.

Um anel de tecido chamado hímen pode ser encontrado mesmo dentro da entrada da vagina. Normalmente, o hímen rodeia a entrada. Raramente, obstrui totalmente a abertura (conhecido como hímen imperfurado), impedindo a passagem do sangue menstrual. Nestas situações, o hímen é aberto através de um procedimento. No primeiro contacto sexual, o hímen pode rasgar-se, ou pode ser mole e maleável e não se rasgar. Além disso, o hímen pode rasgar-se durante a prática de exercício físico, a colocação de um tampão ou a utilização do diafragma. Após a rotura, ocorre uma pequena hemorragia normal. É possível que o hímen se rasgue sem ser notado ou que deixe pequenas marcas de tecido à volta da abertura do útero. A Figura 1.1 mostra os órgãos genitais internos femininos.

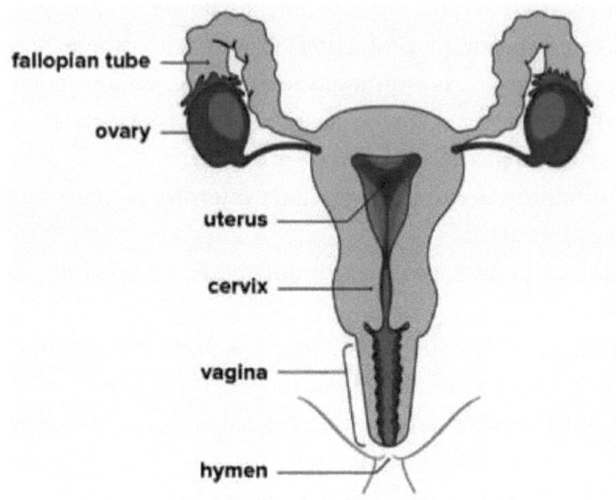

Figura.1.1 Órgãos genitais internos femininos

a. Vagina

Numa mulher adulta, a vagina é um tubo macio e extensível de tecido muscular com 4 a 5 polegadas de comprimento. Liga o útero aos órgãos genitais externos. O colo do útero é rodeado pela parte superior e mais larga da vagina (a parte inferior do útero). Aqui, são colocados alguns medicamentos ou métodos contraceptivos, como um diafragma ou um anel vaginal.

A vagina é um elemento essencial da ação sexual e da reprodução. Serve como um canal para o seguinte:

- As trompas de Falópio, o útero e o esperma até ao óvulo.

Hemorragia durante o período menstrual ou o nascimento de um bebé.

Uma vez que o tecido vaginal é flexível, as suas paredes podem ser esticadas para um exame médico, para a atividade sexual ou para o parto. Como os níveis de estrogénio diminuem após a menopausa, a vagina torna-se menos elástica. Este ajustamento pode doer.

A membrana mucosa que reveste a vagina é mantida húmida pelas secreções das glândulas do colo do útero e pelos fluidos produzidos pelas células da sua superfície. É comum que uma pequena quantidade destes líquidos saia para o exterior sob a forma de um corrimento vaginal transparente ou leitoso. O revestimento da vagina da mulher desenvolve dobras e rugas durante os anos reprodutivos. O revestimento é liso antes da puberdade e depois da menopausa.

b. O colo do útero e o útero

O útero é um órgão muscular, em forma de pera, com paredes espessas, situado no centro da pélvis, à frente do reto e atrás da bexiga. O útero é fixado no seu lugar por vários ligamentos. O principal objetivo do útero é suportar o crescimento do feto.

As partes do útero são as seguintes:

- Um colo do útero
- A parte primária (corpus)

A parte inferior do útero que se estende até à parte superior da vagina chama-se colo do útero. Um médico pode utilizar um espéculo para inspecionar o colo do útero durante um exame pélvico. O colo do útero é revestido por uma membrana mucosa, tal como a vagina.

Através de um tubo no colo do útero, os espermatozóides podem entrar e o sangue menstrual pode sair do útero (canal cervical). Normalmente, o canal cervical é bastante pequeno, mas durante o parto, o canal abre-se para permitir a passagem do bebé.

Normalmente, o colo do útero funciona como uma defesa fiável contra os germes. No entanto, durante a atividade sexual, o colo do útero está aberto e as bactérias que causam as DST (doenças sexualmente transmissíveis) podem entrar no útero.

Células e glândulas que segregam muco delimitam a passagem do colo do útero. Antes, mesmo antes da ovulação, este muco é espesso e difícil de penetrar pelos espermatozóides. Na ovulação, o muco torna-se transparente e elástico (porque o nível da hormona estrogénio aumenta). Assim, os espermatozóides podem atravessar o muco e entrar no útero, onde podem chegar às trompas de Falópio e fecundar um óvulo.

Quase todas as gravidezes são consequência de uma atividade sexual que tem lugar três dias antes da ovulação. No entanto, as relações que duram até 6 dias antes da ovulação ou 3 dias após a ovulação podem, por vezes, dar origem a uma gravidez. O intervalo entre um ciclo menstrual e a ovulação varia de mês para mês em algumas pessoas. Por conseguinte, a gravidez pode ocorrer em vários momentos do ciclo menstrual.

O corpo do útero, que é constituído por tecido muscular, pode expandir-se para dar espaço a um feto em desenvolvimento. Durante o parto, as suas paredes musculares contraem-se para forçar o bebé a atravessar o colo do útero e a vagina. Nos anos reprodutivos, o corpo do útero é duas vezes mais longo do que o colo do útero. Após a menopausa, o útero e o colo do útero têm aproximadamente o mesmo tamanho.

O revestimento do corpo do útero (endométrio), que dura normalmente um mês, torna-se mais espesso durante o ciclo reprodutivo da mulher. A maior parte do endométrio é eliminada e, se a mulher não engravidar durante esse ciclo, começa a sangrar, o que dá origem ao período menstrual.

c. Trompas de Falópio

As duas trompas de Falópio estendem-se desde as margens superiores do útero até aos ovários e têm cerca de 10 a 13 cm de comprimento. As trompas e os ovários não estão fisicamente ligados. Em vez disso, a extremidade de cada trompa expande-se em forma de funil com extensões que se assemelham a dedos (fímbrias). As fímbrias dirigem um óvulo para uma trompa de Falópio quando este é libertado de um ovário.

Existem pequenas projecções semelhantes a pêlos ao longo das trompas de Falópio (cílios). O óvulo é empurrado para baixo, através da trompa, até ao útero, pelos cílios e pelos músculos da parede da trompa. A trompa de Falópio é frequentemente o local onde o espermatozoide fertiliza o óvulo. O óvulo fecundado entra no útero e aí se implanta após a fecundação.

d. Ovários

As características típicas dos ovários são a cor pérola, a forma retangular e o tamanho de uma noz. Os ligamentos ligam-nos ao útero. Os ovários criam e libertam óvulos, para além das hormonas sexuais femininas (estrogénio e progesterona) e de certas hormonas sexuais masculinas. Os folículos ováricos, que são cavidades cheias de líquido, alojam os ovócitos em desenvolvimento (oócitos). Em cada folículo pode encontrar-se um ovócito.

ii. Ciclo menstrual

A descamação do tecido endometrial do útero, seguida de hemorragia, é a definição médica de menstruação. Ocorre em ciclos aproximadamente mensais durante toda a vida reprodutiva da mulher, com exceção da gravidez, que interrompe este padrão. A menstruação começa na fase da menarca da puberdade e continua até à menopausa, altura em que pára definitivamente. (Considera-se que a menopausa começa quando a mulher não tem menstruação durante 12 meses consecutivos).

O primeiro dia de sangramento marca o início do dia 1, que é o início formal do ciclo menstrual. A transição de fase ocorre imediatamente antes da conclusão do ciclo. A duração do ciclo menstrual de uma mulher varia normalmente entre 24 e 38 dias. Dez a quinze por cento de todas as mulheres têm um ciclo que dura exatamente 28 dias. Para além disso, pelo menos 20% das mulheres têm o que se designa por "ciclos menstruais anormais". Estes ficam fora do intervalo porque são significativamente mais longos ou significativamente mais curtos do que o intervalo. Os anos imediatamente a seguir ao início da menstruação (menarca) e antes da menopausa são frequentemente os anos em que os ciclos mudam mais e o tempo entre períodos é mais longo.

A duração da hemorragia menstrual varia normalmente entre quatro e oito dias. A quantidade típica de sangue perdido durante um ciclo situa-se entre um quinto e duas onças e meia. Um tampão ou penso higiénico, dependendo do tipo, pode conter até 30 gramas de sangue antes de ter de ser mudado.

O sangue de um período menstrual não costuma coagular da mesma forma que o sangue de um corte, exceto se a hemorragia for muito intensa.

A frequência dos ciclos menstruais de uma mulher é determinada pelas suas hormonas. A hipófise é a fonte da hormona luteinizante, bem como da hormona folículo-estimulante. Estas hormonas facilitam a descarga ovárica de um óvulo, bem como o aumento da produção de estrogénio e progesterona. O estrogénio e a progesterona são hormonas que actuam no útero e nos seios para os preparar para a possibilidade de uma gravidez. O ciclo menstrual tem três fases: a fase folicular, que ocorre antes da libertação do óvulo; a fase ovulatória de libertação do óvulo, que ocorre durante a ovulação; e a fase lútea, que ocorre após a libertação do óvulo.

O estrogénio e a progesterona são duas das hormonas que desempenham um papel na regulação do ciclo menstrual. Outras hormonas, como a hormona luteinizante e a hormona folículo-estimulante, também desempenham um papel nesta regulação. O primeiro dia da fase folicular, frequentemente conhecido como menstruação ou hemorragia menstrual, é o dia que marca o início do período da mulher.

Durante o início da fase folicular, apenas são detectáveis no organismo níveis vestigiais de progesterona e estradiol. O ciclo menstrual é desencadeado quando o revestimento endometrial mais espesso do útero começa a degradar-se e a perder as suas camadas mais externas. Isto dá origem a uma hemorragia. Por esta altura, verifica-se um aumento gradual do nível da hormona folículo-estimulante, que estimula o crescimento de numerosos folículos nos ovários.

Esta é a altura em que a maioria das mulheres tem o período. (Os folículos são sacos cheios de líquido.) Cada folículo contém pelo menos um óvulo no seu interior. Nas últimas fases deste período, quando o nível da hormona folículo-estimulante começa a descer, normalmente só um folículo continua a amadurecer. Este folículo é responsável pela produção de estrogénio. A quantidade de estrogénio produzida está sempre a aumentar.

O início da fase ovulatória pode ser identificado por um aumento dos níveis da hormona luteinizante e da hormona folículo-estimulante. A ovulação, que normalmente ocorre entre 16 e 32 horas após o início do pico, é estimulada pela hormona luteinizante. Durante o pico, o nível de progesterona começa a subir, enquanto o nível de estrogénio começa a descer.

Durante a fase lútea, verifica-se uma diminuição dos níveis da hormona luteinizante e da hormona folículo-estimulante. Após a expulsão do óvulo, o folículo rompido fecha-se, resultando na formação de um corpo lúteo que produz progesterona. Durante todo este período, está presente um nível elevado de estrogénio. Devido à progesterona e ao estrogénio, o revestimento do útero fica mais espesso. Isto faz com que o corpo esteja pronto para carregar um bebé, se isso acontecer.

Se o óvulo não for fecundado, o corpo lúteo degenera e deixa de produzir progesterona por si próprio. Quando o nível de estrogénio desce, as camadas superiores do revestimento começam a deteriorar-se e acabam por se desprender. Este é o primeiro período de um novo ciclo menstrual. Se o óvulo for fecundado com sucesso, o corpo lúteo continuará a funcionar normalmente durante as primeiras fases da gravidez. É benéfico para a continuação da gravidez. A Figura 1.2 descreve as fases do Ciclo Menstrual.

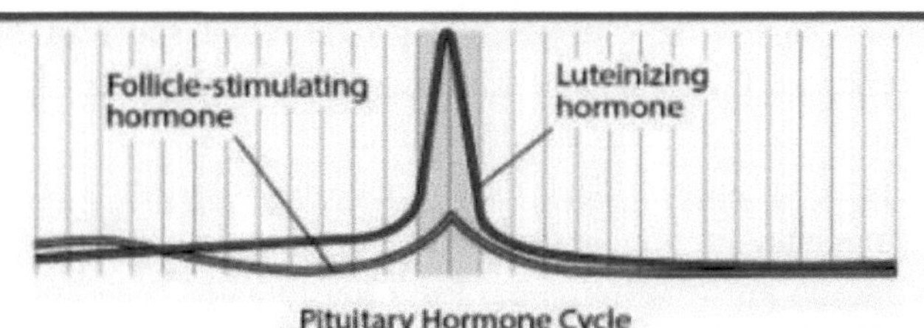

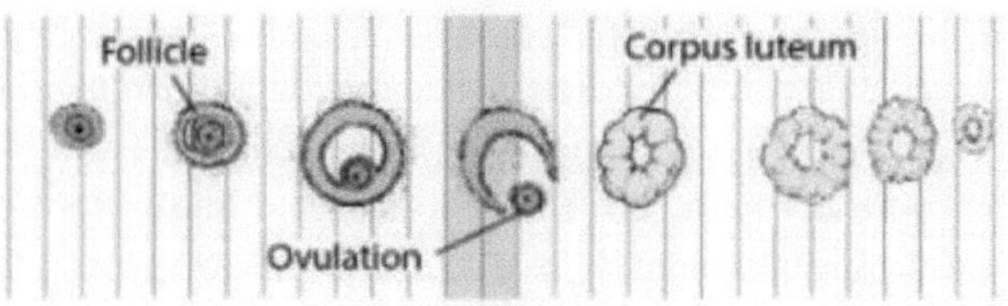

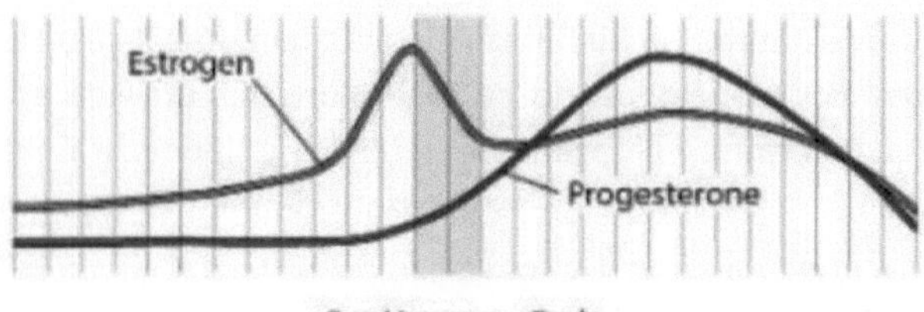

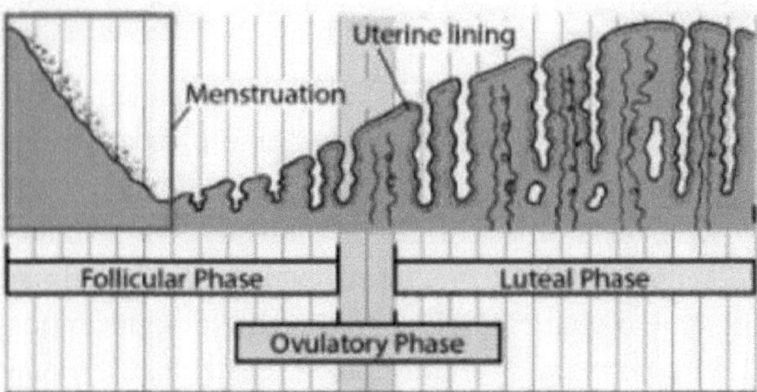

Figura.1.2 Ciclo endometrial

a. Fase folicular

A fase folicular começa no primeiro dia de hemorragia mensal. No entanto, a principal atividade nesta fase é o desenvolvimento de folículos nos ovários. Os folículos são sacos cheios de líquido.

Os fluidos e os nutrientes que constituem o endométrio, que reveste o útero, estão fortemente concentrados para alimentar o embrião durante o início da fase folicular. Níveis baixos de estrogénio e progesterona sugerem que nenhum óvulo foi fertilizado. O resultado é que as camadas exteriores do endométrio caem e a mulher começa a sangrar todos os meses.

Durante este período, a quantidade de hormona folículo-estimulante produzida pela hipófise aumenta um pouco. O desenvolvimento de três a trinta folículos é então desencadeado por esta hormona. Em cada folículo pode encontrar-se um óvulo. Quando o nível hormonal desce mais tarde na fase, apenas um destes folículos - designado por folículo dominante - continua a crescer. Este começa imediatamente a libertar estrogénio, o que faz com que os outros folículos estimulados comecem a romper. Além disso, à medida que o nível de estrogénio sobe, o útero começa a preparar-se e o nível da hormona luteinizante sobe.

A fase folicular dura normalmente 13 a 14 dias. A duração desta fase é a mais variável das três. Normalmente, é mais curta perto da menopausa. Quando a concentração da hormona luteinizante aumenta bruscamente, esta fase termina (surtos). A ovulação, que ocorre na sequência do pico, dá início à fase seguinte.

b. Fase de ovulação

Quando os níveis da hormona luteinizante aumentam, inicia-se a fase ovulatória. O folículo dominante é encorajado pela hormona luteinizante a sobressair da superfície do ovário antes de finalmente rebentar e libertar o óvulo. À medida que a síntese da hormona folículo-estimulante diminui, a quantidade também aumenta.

A fase ovulatória dura, normalmente, 16 a 32 horas. Quando o óvulo é libertado, o que ocorre 10 a 12 horas após o pico do nível da hormona luteinizante, a fase está terminada. O ovo demora cerca de 12 horas após a postura para se tornar fértil.

É possível medir o nível da hormona luteinizante na urina para determinar quando esta aumentou. Esta medição pode ser utilizada para prever quando ocorrerá a ovulação. Uma vez que os espermatozóides só vivem três a cinco dias, um óvulo pode ainda ser fertilizado mesmo que os espermatozóides entrem no sistema reprodutor antes de o óvulo ser libertado. Cada ciclo dura cerca de 6 dias, período durante o qual é possível engravidar (designado por janela fértil). A janela fértil dura normalmente entre cinco dias antes da ovulação e um dia depois. Em cada ciclo, uma mulher tem um número diferente de dias férteis.

Algumas mulheres sentem um incómodo aborrecido num dos lados da parte inferior do abdómen na altura da ovulação. Chama-se Mittelschmerz a este desconforto (literalmente, dor do meio). É normal que a dor persista entre alguns minutos e algumas horas. Normalmente, é o lado do corpo onde se encontra o ovário que libertou o óvulo que sente a dor. Embora a origem exacta da dor seja incerta, é muito provável que se deva ao crescimento do folículo ou à descarga de algumas gotas de sangue durante a ovulação. O desconforto pode não ocorrer em todos os ciclos e pode mesmo surgir antes ou depois da rutura do folículo.

Os dois ovários não alternam quem liberta os óvulos em cada mês, e parece que a libertação de óvulos é aleatória. Mesmo que um ovário seja retirado, o outro continuará a dar origem a um óvulo todos os meses.

c. Fase lútea

Após a ovulação, inicia-se a fase lútea. Se não houver fecundação, esta fase dura cerca de 14 dias e termina imediatamente antes da menstruação.

O folículo rompido gera uma estrutura conhecida como corpo lúteo durante esta fase, que produz quantidades crescentes de progesterona à medida que se fecha depois de libertar o óvulo do folículo. A maior parte da fase lútea contém concentrações elevadas de estrogénios. Os estrogénios também promovem o espessamento do endométrio. Um aumento dos níveis de estrogénio e progesterona provoca o alargamento (dilatação) dos canais de leite materno. Isto pode provocar a dilatação e a dor dos seios.

Após 14 dias, o corpo lúteo morre, os níveis de estrogénio e progesterona diminuem e inicia-se um novo ciclo menstrual se o óvulo não for fecundado ou se o óvulo fecundado não se implantar.

As células que rodeiam o embrião em crescimento começam a gerar uma hormona conhecida como gonadotrofina coriónica humana se este for implantado. Até que o feto em desenvolvimento seja capaz de produzir as suas próprias hormonas, esta hormona mantém o corpo lúteo, que produz progesterona, a funcionar. Os testes de gravidez procuram um aumento dos níveis de gonadotrofina coriónica humana.

1.2 CANCROS DO SISTEMA REPRODUTOR FEMININO: UMA VISÃO GERAL

Todos os componentes do sistema reprodutor feminino, incluindo a vagina, o útero, a vulva, o colo do útero, as trompas de Falópio e os ovários, são susceptíveis de cancro. Os cancros ginecológicos são o nome dado a estes cancros.

O cancro do endométrio, o cancro do ovário e o cancro do colo do útero são os cancros ginecológicos mais frequentes nos Estados Unidos, respetivamente. Dado que o rastreio do cancro do colo do útero é geralmente acessível e fiável, não é muito frequente nos países desenvolvidos.

Seguem-se algumas formas de propagação dos tumores malignos ginecológicos:

- Entrar diretamente nos órgãos e tecidos vizinhos
- Espalhar-se (metastizar) para partes distantes do corpo através dos tubos linfáticos e dos gânglios linfáticos do sistema linfático ou da corrente sanguínea.

Diagnóstico

O diagnóstico inclui o seguinte processo,

- Exames pélvicos recorrentes
- Biópsia

A identificação precoce destas doenças pode ser conseguida através de exames pélvicos de rotina e do rastreio de cancros ginecológicos específicos, incluindo o cancro do colo do útero. O teste de Papanicolaou e os testes do papilomavírus humano são utilizados no rastreio do cancro do colo do útero. Ao identificar anomalias pré-cancerosas (displasia) antes de se transformarem em cancro, estes testes podem ocasionalmente prevenir o cancro. Os exames pélvicos regulares também podem detetar precocemente tumores malignos da vagina e da vulva. No entanto, os tumores malignos do útero, dos ovários e das trompas de Falópio são difíceis de detetar durante um exame pélvico.

Uma biópsia pode confirmar ou excluir o diagnóstico de cancro em caso de suspeita. Uma amostra de tecido de um órgão específico é recolhida, avaliada e depois examinada ao microscópio.

Encenação

Se for detectado um cancro, podem ser efectuados um ou mais procedimentos para determinar o estádio do cancro. O tamanho do cancro e a extensão da sua propagação determinam o estádio. A tomografia computorizada, a radiografia do tórax, a ecografia, a ressonância magnética e a tomografia por emissão positiva (PET) são alguns dos procedimentos frequentemente utilizados. Após a remoção do tumor e uma biopsia dos tecidos circundantes, incluindo os gânglios linfáticos, os médicos avaliam frequentemente o estádio da doença. Os médicos podem selecionar o tratamento mais eficaz através do estadiamento de uma doença maligna.

O estádio mais precoce de todos os cancros ginecológicos é o I, enquanto o estádio mais recente é o IV (avançado). Para a maioria dos cancros malignos, são feitas diferenças adicionais dentro dos estádios utilizando designações alfabéticas por letras.

Tratamento

- Cirurgia para remover
- Por vezes, quimioterapia e/ou radioterapia

Dependendo da fase e do tipo de cancro, as opções de tratamento podem incluir quimioterapia, remoção cirúrgica e radioterapia. Quando o cancro é descoberto pela primeira vez, o principal objetivo do tratamento é, se possível, erradicar a doença.

O método mais eficaz para tratar quaisquer células cancerígenas que se tenham deslocado para fora do local original é, normalmente, a quimioterapia. Mesmo quando as células cancerígenas não são detectáveis, a utilização de combinações de medicamentos de quimioterapia pode ajudar a erradicar o tumor primário, bem como as células cancerígenas noutras partes do corpo.

O principal método de tratamento do cancro do ovário ou do endométrio é a excisão cirúrgica do tumor. Após a cirurgia, as doentes podem receber radioterapia, quimioterapia ou terapia hormonal se o cancro do endométrio tiver progredido. A quimioterapia precede frequentemente a cirurgia do cancro do ovário, à qual se segue a quimioterapia.

A quimioterapia, a radioterapia e/ou a cirurgia são todos tratamentos potenciais para o cancro do colo do útero. A radioterapia pode ser interna (utilizando implantes radioactivos colocados diretamente sobre o cancro) ou externa (utilizando uma máquina enorme), ou pode ser ambas. Durante várias semanas, a radioterapia externa é frequentemente administrada alguns dias por semana. Enquanto os implantes estão colocados, os doentes submetidos a radioterapia interna têm de passar vários dias no hospital.

A quimioterapia pode ser administrada por via oral, intravenosa ou através de um cateter abdominal. O tipo de cancro e o agente de quimioterapia utilizado determinam a frequência com que a quimioterapia é administrada. As mulheres que estão a receber quimioterapia têm, ocasionalmente, de permanecer no hospital.

1.3 SÍNDROME DO OVÁRIO POLICÍSTICO (PCOS)

Um desequilíbrio hormonal conhecido como síndrome dos ovários policísticos (SOP) faz com que os ovários se expandam e desenvolvam quistos na sua camada exterior. "De acordo com os Centros de Controlo e Prevenção de Doenças, esta doença afecta 6% a 12% das mulheres em idade reprodutiva.

A SOP perturba a libertação regular de óvulos dos ovários, resulta num ciclo menstrual irregular e produz demasiadas hormonas masculinas. É mais provável que o cancro do ovário atinja mulheres com SOP do que sem SOP. Quando as células dos ovários crescem de forma irregular e começam a danificar os tecidos à sua volta, desenvolve-se o cancro do ovário. As mulheres a quem foi diagnosticado SOP devem consultar um médico periodicamente para verificar se existem alterações que possam transformar-se em cancro do ovário, para que este possa ser tratado precocemente.

Sintomas

- Um ciclo menstrual anormal.
- Excesso de pêlos no queixo, no rosto ou noutras zonas do corpo.
- Acne no rosto, peito e parte superior das costas.
- Calvície de padrão masculino; perda ou enfraquecimento do cabelo do couro cabeludo.

- Ganhar peso ou ter dificuldade em perdê-lo.
- Escurecimento da pele, especialmente nas virilhas, nas rugas do pescoço e por baixo dos seios.
- As marcas de pele são pequenos retalhos de pele que sobressaem do pescoço ou das axilas.

A ligação entre a SOP e outros problemas médicos
- Diabetes
- Tensão arterial elevada
- Colesterol cancerígeno
- Apneia do sono
- Stress e depressão.
- Cancro do endométrio. As mulheres com SOP têm maior probabilidade de contrair cancro do endométrio, que é o cancro do revestimento do útero. Isto deve-se ao facto de a SOP poder causar problemas de ovulação, diabetes, resistência à insulina e obesidade.

Diagnóstico
- Análises ao sangue para determinar os níveis de colesterol, açúcar no sangue e hormonas.
- Exames de ultrassom para determinar o número de folículos ovarianos.
- Exames pélvicos para detetar quaisquer anomalias no tecido ovárico.

Tratamento
- Uma dieta equilibrada e ajustes no estilo de vida saudável, como a perda de peso, são importantes no tratamento.
- Pílulas contraceptivas para controlar os ciclos menstruais irregulares.
- Os doentes com SOP que têm problemas de fertilidade podem ser tratados com injecções.
- A fluamida e a espironolactona são dois medicamentos utilizados para tratar a queda excessiva de cabelo.

Aumento do risco de cancro do ovário
As mulheres com SOP têm uma probabilidade significativamente maior de desenvolver cancro do ovário. O cancro do ovário afecta normalmente as mulheres após a menopausa e é mais frequente nas mulheres mais velhas, embora ocasionalmente atinja mulheres mais jovens. Este cancro começa com a proliferação errática das células do ovário, que pode ser provocada por uma série de factores, tais como
- O cancro do ovário é herdado geneticamente de familiares próximos.
- Os idosos, nomeadamente os que entraram na menopausa.
- Mulheres que sofrem de endometriose, que pode fazer com que as células do útero cresçam de forma anormal nos ovários. Isto pode levar ao cancro do

ovário.

Para o diagnóstico do cancro do ovário, são utilizados procedimentos como a ecografia, análises ao sangue, cirurgia e testes genéticos. Dependendo da gravidade e do estádio da doença, os doentes com cancro do ovário podem receber uma variedade de tratamentos, incluindo

- Quimioterapia
- Cirurgia
- Radioterapia

"A SOP e o cancro do ovário são ambos problemas graves para a saúde da mulher

".

1.4 CANCRO DO OVÁRIO

Na maioria das vezes, o cancro do ovário só é descoberto quando já progrediu. Normalmente, o cancro começa na superfície dos ovários.

- O cancro do ovário pode não mostrar quaisquer sinais antes de se tornar grande.
- Se os médicos pensarem que alguém tem cancro do ovário, fazem análises ao sangue, ecografia, TAC ou ressonância magnética.
- O útero, os dois ovários e as duas trompas de Falópio são frequentemente removidos.
- Após a cirurgia, a quimioterapia é frequentemente necessária.

A maioria das mulheres que contrai cancro do ovário (também designado carcinoma do ovário) tem entre 50 e 70 anos de idade. Cerca de 1 em cada 70 mulheres acabará por contrair este cancro. É o 2nd cancro ginecológico mais prevalente nos EUA. No entanto, o cancro do ovário mata mais mulheres do que qualquer outro cancro ginecológico. É o sétimo fator mais frequente de morte por cancro nas mulheres.

O cancro do ovário apresenta-se sob diversas formas. Surgem a partir das diversas variedades de células existentes nos ovários. Mais de 90% dos cancros do ovário (carcinomas epiteliais) têm início na superfície dos ovários. A maioria dos outros cancros do ovário tem origem no tecido conjuntivo ou em tumores de células germinativas, que são células que geram óvulos (denominados tumores de células estromais). As mulheres com menos de 30 anos são mais frequentemente afectadas por cancros de células germinativas. Ocasionalmente, o cancro do ovário pode metastizar para outros órgãos do corpo.

O cancro do ovário pode propagar-se das seguintes formas:

- Diretamente para o bairro.
- Por fuga de células cancerígenas para a cavidade abdominal.
- Várias regiões da pélvis e do abdómen são alcançadas através do sistema

linfático.

• Ocorre menos frequentemente na corrente sanguínea, acabando por se manifestar em zonas distantes do corpo, principalmente no fígado e nos pulmões.

A Figura 1.3 abaixo diferencia claramente o ovário saudável e o ovário com cancro.

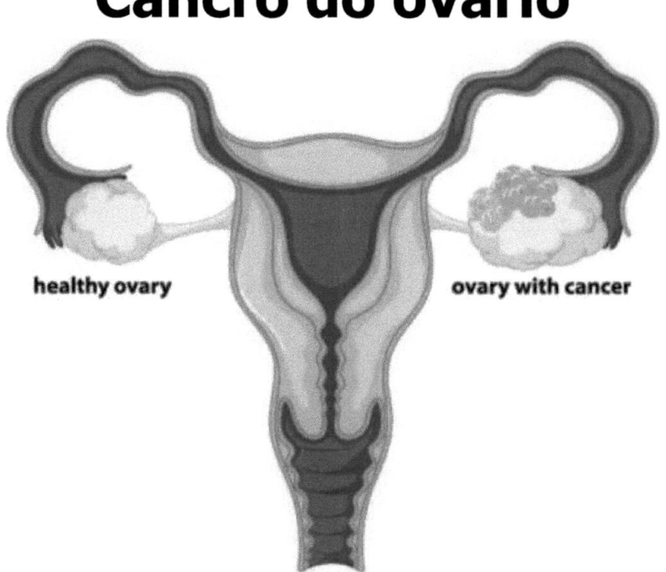

Figura.1.3 Ovário saudável Vs Ovário com cancro

Factores de risco do cancro do ovário

Seguem-se alguns factores que aumentam o risco de cancro do ovário:

• Ter amadurecido (o mais importante)

• Como familiar de primeiro grau, ter uma mãe, irmã ou filha com cancro do ovário

• Estar sem filhos

• O primeiro filho tem um início de vida tardio.

• Início precoce da menstruação

• a entrar na menopausa tardia

• ter sido diagnosticado com cancro do útero, da mama ou do cólon, ou ter um familiar que tenha lutado contra uma destas doenças.

• A utilização de contraceptivos orais reduz substancialmente o risco.

Os cancros do ovário e da mama surgem frequentemente nas famílias quando estão presentes mutações nestes genes ou outras mutações genéticas raras.

Outros nomes para estes cancros incluem síndromes hereditárias de cancro da mama e síndromes de cancro do ovário. A probabilidade de ter cancro do ovário ao longo da vida é de 20 a 40% para as mulheres portadoras de uma mutação BRCA1. Para as mulheres com uma mutação BRCA2, o risco é menor (11-17%). As mulheres judias Ashkenazi têm mais probabilidades de serem portadoras dos genes BRCA1 e BRCA2 do que a população em geral.

Sintomas do cancro do ovário

O ovário que tem a doença aumenta de tamanho. É provável que um ovário aumentado em mulheres jovens (quisto do ovário) seja a causa de um ovário aumentado em mulheres mais velhas. No entanto, um ovário aumentado pode indicar cancro do ovário após a menopausa.

Muitas mulheres não apresentam quaisquer sintomas até o cancro se ter espalhado. O sinal inicial pode ser uma sensação geral de desconforto semelhante a uma indigestão na parte inferior do abdómen. Inchaço, dores de gases, perda de apetite e dores de costas são outros sintomas possíveis. A hemorragia vaginal é um efeito secundário raro do cancro do ovário.

Eventualmente, o ovário pode aumentar de tamanho ou pode acumular-se líquido na barriga, fazendo com que o abdómen fique inchado (chamado ascite). Anemia, perda de peso e dor pélvica são sintomas frequentes nesta altura.

Raramente, os tumores de células germinativas ou de células estromais produtoras de estrogénio podem resultar no aumento da mama e no crescimento excessivo do tecido do revestimento uterino. Estes tumores podem também libertar hormonas que são semelhantes às hormonas da tiroide.

Diagnóstico do cancro do ovário

O diagnóstico pode ser efectuado através dos seguintes métodos,

- Ultrassonografia
- Ressonância magnética ou tomografia computorizada
- Uma análise ao sangue

Uma vez que, normalmente, os sintomas não aparecem até que o cancro tenha crescido bastante ou se tenha espalhado para fora dos ovários, pode ser difícil diagnosticar o cancro do ovário nas suas fases iniciais. Além disso, muitas doenças que não são tão perigosas como o cancro do ovário têm sintomas que se assemelham aos do cancro do ovário.

Se, com base nos sintomas, se suspeitar de um cancro do ovário precoce, é necessário realizar primeiro uma ecografia. Um quisto do ovário e um tumor maligno sólido podem ocasionalmente ser distinguidos utilizando a TAC ou a RMN. Antes da cirurgia, é frequentemente efectuada uma TAC ou uma RMN para avaliar o tamanho do tumor se houver suspeita de malignidade avançada. Os médicos monitorizam a doente frequentemente, mesmo que o cancro não pareça ser um diagnóstico provável.

Se os médicos suspeitarem de cancro ou se os resultados dos testes forem inconclusivos, são frequentemente efectuadas análises ao sangue para avaliar os níveis de moléculas que podem indicar a presença de cancro, como o antigénio cancerígeno 125 (CA 125). Embora os níveis anormais de marcadores tumorais não possam, por si só, provar a existência de cancro, podem ajudar a descobrir se alguém o tem, quando combinados com outras informações.

Os médicos podem examinar os ovários de duas maneiras para saber se alguém tem cancro do ovário e, em caso afirmativo, até que ponto se espalhou (o seu estádio).

Laparoscopia: Se o médico considerar que o cancro não se espalhou, é feita uma pequena incisão logo abaixo do umbigo e é introduzido um laparoscópio, um tubo de visualização fino e flexível. Obtêm-se amostras de vários tecidos diferentes e verificam-se os ovários e outros órgãos utilizando dispositivos inseridos através do laparoscópio, frequentemente com ajuda robótica. Os médicos especialistas podem utilizar as informações recolhidas para identificar se o cancro se espalhou e até que ponto (o seu estádio). Cancro do ovário: Uma opção terapêutica para o cancro do ovário é a ectomia laparoscópica do ovário.

Cirurgia aberta: Quando o útero e os tecidos circundantes são diretamente visíveis através de uma incisão abdominal, isso indica que o cancro pode estar a progredir. O médico determina o estádio do cancro e retira a maior parte possível.

Quando se diz a uma mulher que tem cancro do ovário (ou das trompas de Falópio), os médicos podem aconselhar a realização de testes genéticos. Os médicos também perguntam sobre qualquer história familiar de cancro. Os médicos podem utilizar esta informação para identificar as mulheres que têm maior probabilidade de contrair um cancro hereditário, como o provocado por uma mutação no gene BRCA.

Estadiamento do cancro do ovário

O estádio de um cancro é determinado pela extensão da sua propagação. O estádio mais precoce é o I, enquanto o mais avançado é o IV:

I - Estádio: Apenas um ou ambos os ovários são afectados pela doença maligna.

II - Estádio: O útero ou os tecidos próximos foram afectados pela propagação do cancro. Isto inclui o reto, a bexiga e os órgãos reprodutores internos.

III - Estadio: Para além da pélvis, a doença progrediu para os gânglios linfáticos ou outros órgãos abdominais.

IV - Estádio: O cancro abandonou a pélvis.

Perspectivas do cancro do ovário

O prognóstico do cancro do ovário nas mulheres depende do estádio em que se encontra. A proporção de mulheres que ainda vivem cinco anos depois de serem diagnosticadas e receberem tratamento (a taxa de sobrevivência de cinco anos) é,

Primeira fase: 85% a 95%

Segunda fase: 70,1 a 78%

Terceira fase: 40 a 60%

Quarta fase: 15% a 20%

Evitar o cancro do ovário

De acordo com alguns médicos, as mulheres devem submeter-se a testes genéticos se tiverem cancro do ovário ou da mama na família. As mulheres devem falar com os seus médicos sobre a realização de testes genéticos para detetar mutações BRCA se tiverem familiares de primeiro ou segundo grau com estas doenças, especialmente se forem judeus Ashkenazi.

Mesmo que não seja evidente qualquer cancro, as mulheres com mutações específicas do gene BRCA podem optar pela remoção dos ovários e das trompas de Falópio depois de decidirem que já não querem ter filhos. Este método reduz a possibilidade de contrair cancro da mama e elimina a possibilidade de contrair cancro dos ovários.

Tratamento do cancro do ovário

* O útero, as trompas de Falópio e, normalmente, os ovários são removidos.
* remover todos os tecidos que parecem estar afectados.
* A maioria das vezes, quimioterapia.

A maioria dos tumores malignos dos ovários é tratada através da remoção do útero, das trompas de Falópio e dos ovários (salpingo-ooforectomia) (histerectomia). A assistência robótica durante a cirurgia laparoscópica é uma opção.

Os gânglios linfáticos da zona, bem como outros tecidos, são também removidos quando o cancro tem metástases para além do ovário. Este método procura eliminar todo o cancro que é agora visível. Os médicos podem remover apenas o ovário e a trompa de Falópio danificados se a mulher tiver um cancro em fase I que afecte apenas um ovário e quiser engravidar.

A fim de aumentar o tempo de sobrevivência dos doentes com tumores mais avançados que se espalharam para outras partes do corpo, os médicos removem normalmente a maior quantidade de cancro possível do ponto de vista médico. A cirurgia citorredutora é o nome deste tipo de procedimento. A quimioterapia pode ser utilizada em vez ou em complemento da cirurgia, dependendo da extensão da doença e da quantidade de cancro já existente.

A maioria das mulheres com carcinomas epiteliais de estádio I menos agressivos não necessita de tratamento adicional após a cirurgia. A quimioterapia pode ser utilizada para erradicar quaisquer pequenas bolsas de cancro que ainda possam existir noutros tumores de estádio I ou em tumores malignos mais avançados. Normalmente, a quimioterapia inclui os medicamentos paclitaxel e carboplatina.

A remoção do ovário e da trompa de Falópio afectados, juntamente com a quimioterapia combinada, normalmente bleomicina, cisplatina e etoposido, pode curar a maioria das mulheres com tumores malignos de células germinativas. Raramente é aplicada radioterapia.

Normalmente, o cancro do ovário avançado regressa. Por conseguinte, após o tratamento, os médicos verificam normalmente a presença de marcadores de cancro (como o CA 125). Níveis elevados de marcadores de cancro indicam, normalmente, que ainda existe algum tumor.

A quimioterapia é repetida se o cancro voltar depois de ter sido tratado com sucesso da primeira vez. É possível utilizar uma variedade de medicamentos de quimioterapia ou combinações de medicamentos.

1.5 PAPEL DA ECOGRAFIA NO CANCRO DO OVÁRIO DIAGNÓSTICO

Cancro do ovário, que é causado por um quisto do ovário. Para classificar o quisto do ovário como benigno ou maligno, é geralmente utilizada a ultrassonografia em tempo real. Devido à sua capacidade de fornecer imagens de alta resolução sem a utilização de radiação ionizante, a ultrassonografia é utilizada numa variedade de procedimentos médicos, incluindo cardiologia, ginecologia e imagiologia abdominal.

A partir da Figura 1.4, pode observar-se que o ovário com quistos está mais inchado do que o ovário normal devido ao crescimento de células malignas.

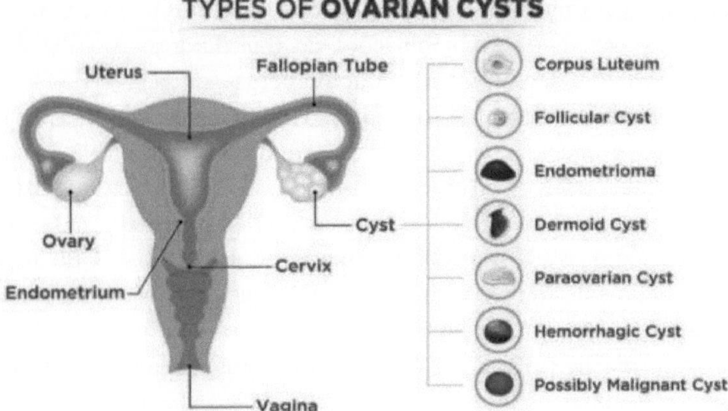

Figura.1.4 Tipos de quistos do ovário

Ultrassonografia

Um procedimento de diagnóstico por imagem chamado ultrassonografia é utilizado para ver o interior de órgãos, tendões, músculos, articulações e outras partes do corpo. Baseia-se em ultra-sons. Um ultrassom é uma onda de pressão sonora cíclica com uma frequência superior ao alcance da audição humana. Uma vez que as pessoas não conseguem ouvir os ultra-sons, estes não se distinguem do som "normal" (audível) com base em distinções nas características físicas. As frequências de funcionamento dos equipamentos de ultra-sons variam entre 20 kHz e vários gigahertz. A utilização de ultra-sons é conhecida como ultra-sónica. A imagiologia, a deteção, a medição e a limpeza são aplicações possíveis dos ultra-sons. Em medicina, a sonografia e a ultrassonografia são frequentemente utilizadas. Os médicos ultrassonografistas aplicam frequentemente pressão direta no doente enquanto movem uma sonda manual, ou transdutor, sobre o mesmo. Ultrassons é o termo utilizado para descrever as imagens produzidas pela imagiologia por ultrassons, também conhecida como ecografia. A utilização de frequências mais elevadas melhora a nitidez visual, mas também reduz a profundidade de penetração.

i. Aquisição de imagens

Como a aquisição de imagens é feita por um equipamento de ultrassom, é necessário rever o componente de ultrassom.

a. Equipamento de ultrassom

Um transdutor, um scanner, um computador e um monitor são os quatro componentes principais do equipamento de ultra-sons. A Ultrassonografia Obstétrica diz que o transdutor, comumente conhecido como sonda de ultrassom, gera ondas sonoras em freqüências que variam de 3,5 a 7,0 megahertz. Por ter uma superfície convexa, um transdutor de matriz convexa é mais adequado para mulheres grávidas do que um transdutor de matriz linear. Existem vários tamanhos e combinações de transdutores. A CPU é a parte principal do aparelho de ultrassom. O microprocessador da sonda do transdutor, os amplificadores e a fonte de alimentação estão todos alojados na unidade central de processamento, que é efetivamente um computador. A CPU alimenta simultaneamente correntes eléctricas à sonda transdutora para produzir ondas sonoras e recebe impulsos eléctricos das sondas criados pelos ecos de retorno. A CPU trata de todos os cálculos de processamento de dados. A CPU processa a informação bruta antes de produzir a imagem no monitor. A CPU pode também armazenar os dados e/ou a imagem que processou num disco. O scanner funciona para recolher o reflexo das ondas sonoras que regressam depois de terem sido reflectidas pelos sistemas internos. O scanner é normalmente uma parte importante do transdutor. Pode ser ligada ao equipamento de ultra-sons uma impressora, um dispositivo de armazenamento de dados ou um gravador de vídeo que possa criar um duplicado do exame para utilização futura.

Geração de imagens de ultrassom

As ondas ultra-sónicas médicas entre 3 e 20 MHz são utilizadas para a imagiologia por ultra-sons. O transdutor gera ondas de ultra-sons, que atravessam os tecidos do corpo antes de serem reflectidas quando encontram um objeto ou uma superfície com uma textura ou propriedades acústicas diferentes. O dispositivo, ou matriz de transdutores, capta estes ecos e converte-os em corrente eléctrica. Estes sinais são melhorados e processados antes de serem visualizados em tempo real num dispositivo de visualização. Os dados são recolhidos, processados pelo computador e depois apresentados visualmente no monitor. O conceito subjacente à aquisição de imagens é o de que as ondas sonoras reflectem ou fazem ricochete quando atingem um objeto. Ao detetar estas ondas de eco, é possível determinar as dimensões, a forma e a natureza dos objectos. O sinal de ultra-sons é enviado da área do doente a ser examinada para o transdutor e é criada uma imagem com base nas características do tecido corporal e no tipo de estrutura corporal que o som atravessa, bem como na amplitude, frequência e tempo que o sinal demora a regressar. A informação é apresentada como um vetor 2D de pixels cuja intensidade é apresentada numa escala de cinzentos. A posição e o valor de cinzento são símbolos da fonte de eco e da amplitude, respetivamente. A Figura 1.5 mostra o diagrama de blocos da modalidade de imagem por ultra-sons.

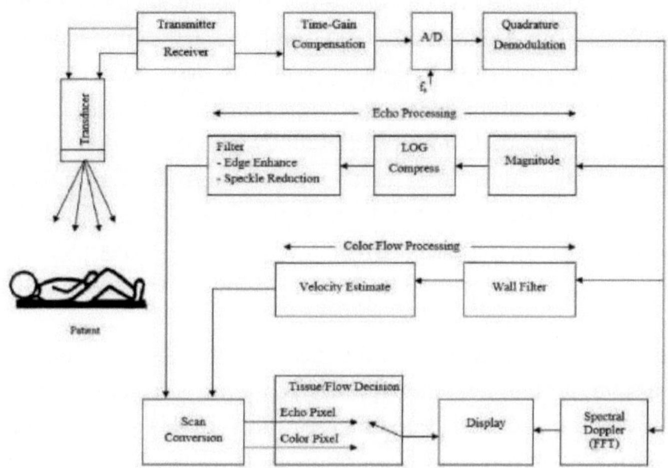

Figura.1.5 Processo geral da técnica de imagiologia por ultra-sons

b. Compensação de ganho de tempo (TGC)

Para calcular a distância a um objeto, dividem o tempo entre a transmissão do sinal e a obtenção do eco. Uma fração das ondas ultra-sónicas é absorvida pelas células corporais à medida que se deslocam através do corpo humano. As ondas que viajam mais profundamente vão-se tornando cada vez mais fracas à medida que esta absorção se vai acumulando. O sinal refletido recebe um valor de amplificação variável em função da distância e do tempo, de modo a compensar a atenuação do sinal. Este procedimento é conhecido como TGC. A intensidade do feixe ultrassónico diminui gradualmente à medida que penetra mais profundamente no tecido, devido à absorção da energia sonora pelo tecido e à dispersão do feixe causada pelo contacto com o tecido. Os ecos que regressam são gradualmente amplificados de acordo com o tempo de regresso ao transdutor, de forma a compensar esta perda de energia sonora. Os ecos de tecidos mais profundos chegam ao transdutor mais tarde e são amplificados mais fortemente. A compensação do ganho de tempo é o nome desta técnica de amplificação.

ii. Ultrassons e interação com objectos

Quando as ondas de ultrassom atravessam o tecido, algumas delas são transmitidas para estruturas mais profundas, algumas são refletidas de volta para o transdutor, algumas são dispersas e algumas são convertidas em calor. Estamos interessados principalmente nos ecos que são reflectidos de volta para o transdutor para fins de imagiologia. A impedância acústica, uma caraterística do tecido, controla a quantidade de eco que é devolvida após atingir uma interface de tecido. Os órgãos que incluem ar, como o pulmão, têm a impedância acústica mais baixa, enquanto os órgãos densos, como o osso, têm a mais alta. A disparidade (ou incompatibilidade) nas impedâncias acústicas entre os dois meios determina a intensidade do eco refletido. Não é produzido qualquer eco se a impedância acústica dos dois tecidos for a mesma. Os ecos de baixa intensidade são normalmente produzidos nas interfaces entre tecidos moles com impedâncias acústicas comparáveis. Quando o tecido mole encontra o osso ou o pulmão, há ecos muito fortes devido a uma grande diferença na impedância acústica.

Atenuação do feixe de ultrassom nos tecidos: Acredita-se que a intensidade do feixe de ultrassom diminui à medida que ele passa pelos tecidos. A absorção é o processo pelo qual a energia ultra-sónica é transformada em energia térmica, enquanto a atenuação se refere a todas as perdas de propagação que causam uma redução na intensidade do feixe. Algumas destas perdas incluem a reflexão, a dispersão, a refração e a absorção. A Figura 1.6 mostra a atenuação das ondas de ultrassom.

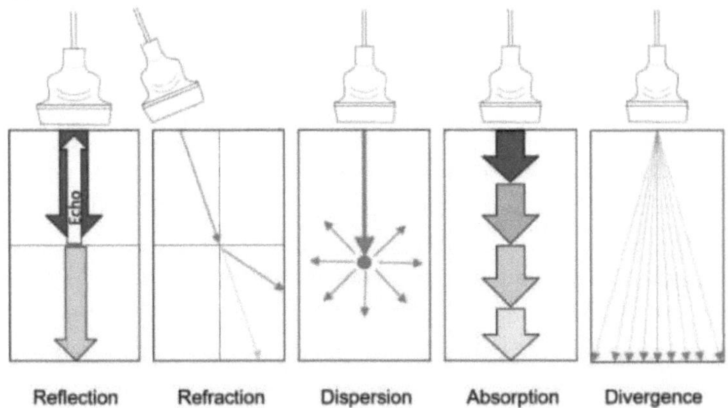

Figura.1.6 Atenuação das ondas de ultrassom

Reflexão:

A energia sonora é reflectida de volta para o transdutor quando um impulso ultrassónico incidente entra em contacto com uma interface ampla e suave de dois tecidos corporais com impedâncias acústicas variáveis. "Reflexão especular" é o nome dado a este tipo de reflexão. Ocorre com base no tamanho da borda em relação ao feixe e em quaisquer anomalias na forma da superfície do refletor. Duas reflexões distintas:

• Os reflectores especulares são interfaces com diâmetros superiores ao comprimento de onda de um feixe ultrassónico.

• Reflexões não esféricas (dispersão de ultra-sons). Ocorre quando a interface é mais pequena do que o feixe. À medida que as frequências ultra-sónicas aumentam, a dispersão apresenta uma forte dependência da frequência e aumenta rapidamente.

Refração:

A refração é a alteração da direção do som quando dois tecidos com diferentes taxas de transmissão do som se juntam. O comprimento de onda dos ultra-sons varia enquanto a frequência do feixe permanece constante à medida que se desloca do primeiro meio para o segundo. Uma vez que a frequência do som é constante neste caso, é necessária uma alteração no comprimento de onda para ter em conta a variação na taxa de transmissão do som entre os dois tecidos. Como resultado, à medida que o impulso sonoro atravessa a interface, é redireccionado. A refração é a principal causa da localização incorrecta de um objeto numa imagem de ultra-sons. Uma vez que a velocidade do som é lenta na gordura e rápida nos tecidos moles, os artefactos de refração são mais visíveis onde a gordura e os tecidos moles se encontram.

Absorção:

Nem toda a energia ultra-sónica que é transmitida é reflectida. Na realidade, o tecido absorve a maior parte da energia transferida. A dissipação (conversão) da energia acústica em calor é designada por absorção. Quanto maior for a absorção, mais elevada é a frequência a que ocorre.

Em frequências mais altas, a resolução é melhor, mas o sinal ultrassónico não penetra tão bem como em frequências mais baixas.

Através de um processo designado por absorção, a energia do feixe ultrassónico é enviada para o meio que atravessa, onde é transformada noutras formas de energia, principalmente calor.

Os factores que afectam a extensão da absorção são,

1. A viscosidade é uma forma de medir a quantidade de partículas de um meio que se friccionam umas contra as outras.

2. O tempo de relaxamento é uma unidade de tempo utilizada para descrever o tempo necessário para que as partículas do meio regressem às suas posições médias iniciais. Quanto maior for a absorção dos ultra-sons, maior será a duração do relaxamento do meio.

3. Frequência: À medida que a frequência do feixe aumenta, a absorção dos ultra-sons também aumenta.

O resultado da frequência do feixe é

* A relação entre a frequência e a absorção é linear.
* A atenuação dos ultra-sons aumenta.
* Além disso, a probabilidade de dispersão do feixe aumenta.

111. Modos de imagiologia por ultra-sons

Existem vários modos de obtenção de imagens por ultra-sons. (a) O modo A é o modo mais prevalecente. (b) O modo M, que analisa o eco do som para determinar o movimento de partes do corpo em movimento, como o coração. (c) O modo de intensidade bidimensional fundamental, o modo B (d) O modo Doppler: Pseudocoloração baseada no movimento celular detectado pela análise Doppler.

Modo A:

O tipo de modo mais antigo e mais simples é o modo A (modo de amplitude), que mede a reflectância a várias profundidades abaixo da posição do transdutor. Uma linha que atravessa o corpo é analisada por um único transdutor e os ecos são representados num ecrã em função da profundidade. Dado que a profundidade de imagem pretendida é pouco profunda, a atenuação de alta frequência não constitui um problema.

Modo B:

Um pequeno impulso de eco ultrassónico é enviado para o corpo por um transdutor no modo B (modo de brilho). Neste caso, os dados do modo A são apresentados num monitor como intensidade de píxeis. Ao atravessar os tecidos do corpo com diferentes impedâncias acústicas, algumas ondas ultra-sónicas (chamadas sinais de eco) são reflectidas de volta para o transdutor, enquanto outras penetram mais profundamente. Os sinais de eco combinados e processados são misturados para produzir uma imagem. Um transdutor ultrassónico funciona como altifalante e microfone, uma vez que emite ondas sonoras (recebe ondas sonoras). Embora o impulso ultrassónico seja, na realidade, bastante breve, uma vez que se move em linha reta, é frequentemente referido como um feixe de ultra-sons. O impulso ultrassónico continua normalmente ao longo da linha do feixe até profundidades de tecido mais profundas, com apenas uma pequena parte a regressar como um eco refletido depois de encontrar o contacto com o tecido corporal. Tanto as estruturas fixas como as estruturas em movimento podem ser estudadas com o modo B-, mas o estudo do movimento requer uma elevada taxa de fotogramas.

Modo M:

No modo M ultrassónico, ou seja, no modo de movimento, os impulsos são rapidamente seguidos pela aquisição de uma imagem em modo A ou B. Os órgãos em movimento podem ser examinados com esta técnica. Isto é comparável à gravação ultra-sónica a longo prazo de um vídeo. Ao monitorizar o movimento dos limites do órgão que resultam em reflexões em relação à sonda, é possível determinar a velocidade de certas estruturas do órgão.

Modo Doppler:

Um exame de ultra-sons pode incluir um estudo de ultra-sons Doppler como um dos seus componentes. A ecografia Doppler é uma forma específica de ecografia utilizada para avaliar o fluxo de sangue através de um vaso sanguíneo, como as principais artérias e veias do corpo, localizadas no pescoço, nos braços e na barriga. A ecografia com Doppler permite determinar o trajeto das células sanguíneas e a velocidade a que se deslocam enquanto percorrem as artérias. O movimento das células sanguíneas é responsável por uma alteração do tom das ondas sonoras reflectidas (o chamado efeito Doppler). Os ruídos são recolhidos e analisados por um computador, que depois gera gráficos ou outras representações gráficas que mostram o movimento do sangue através das artérias. O efeito Doppler refere-se a uma alteração na frequência do som que ocorre como resultado do movimento em relação à fonte do som e ao recetor do som. Os ultra-sons Doppler podem ser divididos nas seguintes categorias:

O Power Doppler, uma técnica mais moderna, é mais sensível do que o Doppler a cores e é capaz de expor mais informações sobre o fluxo sanguíneo, particularmente quando o fluxo sanguíneo é mínimo ou está minimamente presente. Esta informação é particularmente útil quando o fluxo sanguíneo é baixo.

As leituras Doppler são convertidas num espetro de cores por um computador, de modo a que a velocidade e a direção do fluxo sanguíneo numa artéria possam ser visualizadas utilizando o Doppler a cores. O Power Doppler, por outro lado, não permite saber em que direção o sangue está a fluir, o que, dependendo da situação, pode ser muito importante.

O Doppler espetral é um método que, em vez de apresentar visualmente os valores de Doppler, apresenta as medições do fluxo sanguíneo sob a forma de um gráfico que ilustra a quantidade de distância percorrida num determinado período de tempo.

Processamento de imagens de ultrassom usando imagens digitais

É possível observar mais ruído nas imagens de ultrassom, particularmente o ruído de manchas. Em cada fase da aquisição de uma imagem, o ruído é adicionado.

Pode haver ruídos devido a:

• Se houver uma perda de contacto adequada ou um espaço de ar entre o corpo e o transdutor, pode ocorrer perda de informação devido à interpolação, mesmo durante a conversão de varrimento.

• Tanto durante a fase de processamento do sinal como durante a fase de geração do feixe, pode ser adicionado ruído.

O ruído de speckle é objeto de métodos de filtragem e de tratamento das imagens de ultra-sons. Um certo tipo de ruído conhecido como "speckle" tem um impacto nas imagens de ultra-sons utilizadas em medicina. As lesões pequenas e de baixo contraste no corpo são mais difíceis de identificar devido ao ruído speckle, que também reduz as características finas e a definição dos bordos e limita a resolução do contraste. Para melhorar a qualidade da imagem, são aplicados vários filtros axiais e laterais aos dados em várias fases. O sinal processado é então enviado para o módulo de conversão de varrimento como linhas de varrimento, que cria a imagem efectuando um mapeamento geométrico nas linhas de varrimento.

Existem vários métodos de processamento de imagem digital disponíveis para melhorar a qualidade da imagem de ultrassom e a riqueza de informações. Ao processar os sinais de eco para cada linha formada por feixe, são utilizados muitos tipos diferentes de métodos de processamento para atingir muitos tipos diferentes de objectivos. Os sinais de eco são amplificados por todos os aparelhos de ultrassom para compensar as perdas de atenuação. Para melhorar a penetração numa determinada frequência de funcionamento, são necessários pré-amplificadores de baixo ruído. A utilização de filtragem que está ligada à frequência central e à largura de banda do impulso transmitido resulta na redução do ruído e noutras vantagens.

Em geral, existem duas formas de reduzir o ruído nas imagens de ultrassom: durante a captura e após a aquisição. A primeira refere-se à adição de componentes de processamento específicos ao sistema de aquisição de imagens para reduzir o ruído e melhorar o valor informativo da imagem resultante. O segundo discute métodos de processamento digital de imagens para reduzir o ruído e, assim, melhorar a qualidade das imagens de ultrassom que já foram adquiridas. Utilizando a transformação wavelet, o processamento multi-look, a filtragem espacial, a filtragem homomórfica, etc., o ruído speckle pode ser reduzido. Normalmente, o processamento multi-look é efectuado à medida que as imagens são adquiridas. Depois de a imagem ter sido obtida, são utilizadas as filtragens espacial e homomórfica para eliminar as manchas.

A qualidade da imagem de ultrassom pode ser melhorada ainda mais através de

• Aplicar gel no transdutor e no corpo para assegurar um contacto adequado e evitar espaços de ar.

• Utilização de transdutores de alta qualidade durante o processo de aquisição da imagem.

* No processamento do sinal, utilizar os filtros axiais e laterais adequados.
* Utilização de métodos de interpolação adaptativos durante a conversão de digitalização

Méritos:

A tecnologia de ultra-sons pode ser utilizada para mais do que apenas ver o feto enquanto a mulher está grávida, que é a utilização mais comum.

* O fluxo sanguíneo nas veias e artérias, a glândula tiroide e o coração podem ser examinados com a tecnologia de ultra-sons. A ecografia pode ser utilizada para descobrir se alguém tem cancro ou para orientar biópsias ou outros tipos de tratamento.
* A maioria dos exames de ultrassonografia não é invasiva (sem agulhas ou injecções).
* Demonstra como os órgãos são construídos.
* Um exame de ultrassom quase nunca é doloroso, mas pode ser desconfortável às vezes.
* O ultrassom é uma tecnologia de imagem rápida, barata e geralmente segura.
* A maioria das pessoas consegue suportar os exames de ultra-sons sem sentir qualquer dor.
* A ecografia é mais acessível, mais fácil de utilizar e mais económica do que outras técnicas de imagiologia.
* Uma vez que não envolve radiação ionizante, a imagiologia por ultra-sons é incrivelmente segura.
* A ecografia permite ver claramente os tecidos moles que não são visíveis nas imagens de raios X.
* Para o diagnóstico e monitorização de mulheres grávidas e dos seus fetos, a ecografia é a modalidade de imagem de eleição.
* A resolução espacial dos transdutores de ultra-sons de alta frequência é melhor do que a da maioria dos outros métodos de imagiologia.
* A ultrassonografia é uma ferramenta útil para orientar procedimentos minimamente invasivos, como biópsias e aspirações com agulha, porque pode mostrar imagens em tempo real.

Deméritos:

As imagens produzidas pela ultrassonografia apresentam as seguintes imperfeições:

* Uma vez que o ar ou o gás podem interferir com as ondas de ultra-sons, os órgãos ou intestinos cheios de ar não são bons candidatos para a utilização de ultra-sons como ferramenta de diagnóstico por imagem.
* São utilizadas imagens de baixa resolução.

- Em contraste com técnicas mais dispendiosas como a TC e a RM, os componentes de ruído estão mais presentes nas imagens de ultra-sons.
- Uma vez que mais tecido atenua as ondas sonoras à medida que estas penetram no corpo de um doente grande, é mais difícil fotografar doentes grandes com ultra-sons.

Um dos métodos amplamente utilizados para o diagnóstico por imagem é a ultrassonografia médica, que é preferida em relação a outras modalidades de imagem médica por ser não invasiva, portátil e livre de radiação. As imagens produzidas pela ultrassonografia são de baixa qualidade porque o ruído de speckle multiplicativo está presente. Todos os sistemas de imagem coerentes, incluindo o ultrassom médico, são afetados pelo ruído speckle. A questão da supressão do ruído na imagiologia médica é particularmente delicada e difícil. É necessário estabelecer um compromisso entre a redução do ruído e a retenção das características genuínas da imagem, a fim de melhorar o conteúdo da imagem útil para o diagnóstico. A principal dificuldade para a criação do sistema de visão por computador é eliminar o ruído de manchas, preservando ao mesmo tempo o aspeto crítico das imagens. Para ultrapassar este inconveniente, na técnica de tratamento de imagens médicas, o pré-processamento tem a máxima prioridade. O próximo capítulo analisa claramente as várias técnicas de filtragem para a supressão do ruído de manchas.

1.6 ESTUDO DA LITERATURA

Esta revisão aborda as várias metodologias utilizadas para suprimir o ruído de speckle das imagens de ultra-sons do ovário, a segmentação de um quisto do ovário e a classificação de um quisto do ovário como benigno e maligno.

1.6.1 Remoção do ruído de manchas

A redução de ruído das imagens é necessária para um diagnóstico exato. Todos os sectores da saúde devem proteger os dados vitais, produzindo o mínimo de ruído possível. No entanto, o ruído speckle degrada as margens das imagens de ultrassom, causando estragos nas imagens. Para que se possa fazer um diagnóstico correto, o ruído speckle tem de ser retirado das imagens de ultra-sons.

Rajneet Kaur et al. (2013) analisaram as várias técnicas de redução do speckle para imagens de ultra-sons. Chegaram à conclusão de que o filtro de Wiener e a limiarização de wavelets foram os que mais melhoraram as imagens em comparação com outros métodos de filtragem.

Além disso, Ratil Hasnat Ashique et al. (2013) compararam várias técnicas de redução de manchas. Com base nesses resultados, o filtro mínimo produz o menor MSE, RSE e PSNR, enquanto o filtro médio produz o SNR mais alto.

De acordo com P.S. Hiremath et al. (2011), a redução de ruído por transformada de contorno melhora substancialmente o desempenho. Além disso, chegaram à conclusão de que a transformada de contorno é melhor do que o método de remoção de manchas baseado na transformada de wavelet, uma vez que a transformada de wavelet não consegue lidar tanto com a suavidade ao longo dos contornos como com a suavidade na forma como a imagem é montada.

Milindkumar V et al. (2011) investigaram várias técnicas de filtragem para eliminar o ruído speckle. Em comparação com filtros como os filtros de Wiener, Kaun e Frost, demonstraram que a transformada wavelet minimiza efetivamente o ruído de manchas. Para calcular o valor limite para cada pixel na transformada wavelet, a variância ponderada é primeiro determinada. O rácio sinal/ruído de pico (PSNR) é utilizado para avaliar o desempenho de um filtro.

R. Sivakumar et al. (2010) sugeriram uma estratégia eficiente de redução do ruído de manchas que integrava os métodos de filtragem de Wiener e de limiarização no domínio da transformada wavelet. O desempenho do método de filtragem proposto é comparado com o de Frost, Kaun e Visu, entre outros, em termos de PSNR e RMSE.

T. Radha Jeyalakshmi et al. (2010) conceberam uma técnica modificada para a redução do ruído de manchas em imagens médicas de ultra-sons. Com base na técnica de limpeza morfológica de imagens, desenvolveram uma abordagem modificada que emprega operações morfológicas em matemática. No procedimento de limpeza morfológica de imagens, o histograma é usado para determinar o valor limite da imagem. No algoritmo de limpeza morfológica de imagens modificado, o valor de limiar é definido utilizando o desvio padrão dos pixéis da imagem em vez do histograma. O desempenho do algoritmo foi avaliado através do desvio padrão do ruído, do erro quadrático médio, do número equivalente de olhares, do PSNR e do tempo de execução.

Anitagarg et al. (2011) propuseram um método para a redução do ruído speckle com um filtro de Wiener e a transformada Wavelet. Utilizando a transformada logarítmica, o modelo de ruído multiplicativo, que é o ruído speckle, é alterado para o modelo de ruído aditivo. Em seguida, o filtro de Wiener elimina o ruído de manchas que causa a excessiva imprecisão da imagem.

Um sistema de difusão anisotrópica -SRAD Filter-Bayes Shrink em 2011, K. Karthikeyan et al sugeriram um modelo híbrido de limiar para a deteção de ruído speckle. A imagem de entrada é submetida a uma transformada wavelet discreta, e a taxa de contração de Bayes é utilizada para estimar o valor do limiar. O filtro SRAD prolonga o período de difusão em detrimento da qualidade da imagem. As métricas de desempenho, como PSNR e tempo de eliminação de ruído, são utilizadas para comparar o funcionamento dos filtros.

Tajineder Kaur et al. apresentaram um estudo comparativo sobre a remoção de manchas de imagens ultra-sónicas. Compararam os desempenhos PSNR das transformadas Wavelet, Curve e Discrete Ridgelet. Além disso, concluíram que a transformada de Ridgelet é a mais eficaz.

Para a redução do ruído speckle, Sudha S. et al. (2009) propuseram a utilização da limiarização wavelet baseada na variância ponderada. O limiar wavelet não reduz a nitidez da imagem. No contexto da limiarização wavelet, apresentaram um modelo sensível à situação para a seleção adaptativa da limiarização. Utilizando a variância ponderada, o valor do limiar é alterado, avaliando o SNR e melhorando a qualidade visual em comparação com todos os outros métodos de filtragem. O valor do limiar é calculado através da utilização da variância ponderada.

1.6.2 Segmentação e classificação de um quisto do ovário

Ashika Raj et al. (2013) apresentaram um método para diagnosticar a SOP. Neste método, é efectuada a redução de ruído da imagem no domínio wavelet utilizando um método de limiarização suave. Em seguida, são efectuados tratamentos morfológicos para tornar mais nítidas as bordas dos folículos para aumentar o contraste, tornando mais simples a diferenciação entre os folículos. Para os processos morfológicos, são utilizadas as estratégias de filtragem top hat e bottom hat, bem como as estratégias morfológicas de abertura e fecho. A imagem gerada é depois segmentada com o algoritmo de agrupamento Fuzzy C-means. Utilizando o erro quadrático médio, é determinado o desempenho da segmentação (MSE). Decidiram que o plano proposto funcionaria melhor se o valor MSE fosse mais baixo.

"Effective Active Contour with a Modified Otsu Threshold for Programmed Follicle Detection in Ultrasound Imaging" é o título de um artigo que Gopalakrishnan et al. publicaram em 2019.

Bogachev et al. (2019) criaram a técnica de seleção de objectos adaptativa, que utiliza dados sobre um item específico para muitos valores do limiar posterior para encontrar o melhor limiar com base num critério que tem em conta as propriedades geométricas do objeto.

Adhikari et al. (2018) publicaram um artigo em que foi concebida uma estratégia para fotografias com pouca luz, especificamente para estas circunstâncias. Foi concebida uma nova abordagem para o ajuste automático de histogramas adaptativos entre regiões, a fim de aumentar automaticamente o contraste destas imagens.

Upadhyay et al. (2016) escreveram um artigo sobre a rapidez e a precisão da segmentação de imagens quando a deteção de danos por GPU está a ser efectuada.

O artigo de T. R. Singh et al. (2012) fala de um método local adaptativo para determinar os valores de limiar. Este método elimina o fundo utilizando uma média e um desvio médio, e calcula o valor médio independentemente do tamanho da janela. Isto faz com que o processo seja mais rápido do que com outros métodos locais para determinar os valores de limiar.

Mandal et al. (2020) publicaram um estudo descrevendo um método para segmentar automaticamente folículos ovarianos a partir de imagens de ultrassom usando o algoritmo de agrupamento K-means para calcular o número de folículos, sua forma e suas dimensões. Choi et al. (2018) discutem a dificuldade de diagnosticar lesões em ultrassonografia devido a esse ruído. Apresenta uma técnica que utiliza a difusão anisotrópica redutora de manchas (SRAD) e um filtro configurável para minimizar o ruído e preservar as bordas das imagens salpicadas.

Deshpande et al. (2015) publicaram um trabalho em que a deteção automática de SOP é realizada através da determinação do número de ovários numa ecografia, da extração das características utilizando a técnica morfológica e da segmentação a várias escalas. O algoritmo de classificação do SOP baseia-se em vectores de referência.

Kumar et al. (2014) descrevem um "contorno ativo aumentado" que não tem arestas. Esta é uma forma de encontrar e dividir rapidamente pequenos ovários.

Sheela et al. (2015) apresentam uma visão geral das muitas abordagens atualmente oferecidas para a redução do ruído speckle, destacando uma área de interesse que combina segmentação e classificação de imagens para detetar quistos com grande precisão.

Utilizando SVM, Jyothi R. Tegnoor et al. (2011) propõem uma classificação automática dos ovários em imagens de ultra-sons digitais. Esta abordagem utiliza a transformada de contorno para diminuir o ruído de manchas. A imagem despeckled é então submetida à equalização do histograma para aumentar o contraste. Em seguida, a técnica de contorno ativo sem arestas é utilizada para a segmentação. A imagem final contém secções segmentadas. Por último, o SVM categoriza os ovários com base no número e no tamanho dos folículos. Por este motivo, chegaram à conclusão de que o método proposto baseado em SVM faz um melhor trabalho de classificação do que o método baseado em fuzzy.

P.S. Hiremath et al. (2010) propõem um método baseado em arestas para a identificação automática de folículos na ultrassonografia dos ovários. Durante o pré-processamento, utilizaram uma transformada de contorno ou um filtro passa-baixo gaussiano para diminuir o ruído de manchas. O melhoramento da imagem termina com a aplicação da equalização do histograma à imagem resultante. Depois de melhorar o contraste da imagem sem ruído, é efectuada a deteção de bordos. A segmentação da imagem é o resultado final. O rácio R entre o comprimento do eixo principal da região folicular e o comprimento do eixo secundário é então determinado para efeitos de classificação. O rácio R calculado para uma região de imagem segmentada é então utilizado num algoritmo de classificação baseado em 4 intervalos para descobrir se se trata de um folículo ou não.

Hiremath, P.S., et al. (2010) propõem a utilização de contornos activos para detetar automaticamente folículos. Para diminuir o ruído de manchas, é utilizada a transformada de contorno. O contraste da imagem despeckled é então melhorado utilizando a equalização do histograma. Utilizando a abordagem de contorno ativo sem bordas, a imagem despeckled é segmentada. Em seguida, a área, a relação entre o comprimento do eixo principal e o comprimento do eixo secundário da região folicular, a compacidade, a circularidade, a extensão e o centróide são determinados para a categorização de uma secção da imagem segmentada. As características medidas são então sujeitas a métodos de classificação para determinar se o objeto é um folículo ou não. Comparando-o com técnicas de limiarização suave horizontal e vertical, descobriram que o método proposto é superior ao método baseado em HVST.

Prema T. et al. (2014) propuseram um método para determinar se um ovário é saudável ou cístico. Para a redução do ruído da imagem, foi utilizado um filtro passa-baixo gaussiano. A equalização do histograma é utilizada para melhorar o contraste de uma imagem desnaturalizada. O modelo Chan Vase (modelo C-V) foi utilizado para segmentar dados para a técnica de contorno ativo baseada na região. Depois, utilizando factores geométricos como o rácio, o centróide e a extensão, o classificador K-Nearest Neighbor (classificador K-NN) [25] decide se o ovário é normal ou tem quistos.

Utilizando um modelo ANN de 15 neurónios, Rahman et al. (2019) desenvolveram um modelo que dá prioridade à precisão do classificador. Neste caso, o modelo de classificação sugerido é superior às estratégias existentes para classificar o cancro do ovário.

Utilizando um modelo informático, Khazendar et al. (2015) determinaram que os quistos do ovário podem ser classificados como benignos ou malignos. Foram utilizadas 187 imagens de ultrassom de massas ovarianas. As imagens foram inicialmente pré-processadas para melhorar a sua qualidade. De seguida, foram extraídos histogramas de padrões binários locais para cada bloco 2 * 2 da imagem de entrada. No final, o classificador Support Vetor Machine (SVM) atinge uma precisão de classificação de 77%. Também argumentam que a inclusão de características texturais pode melhorar a precisão.

Em 2010, S. M. Sohail et al. extraíram características de textura baseadas em momentos de histograma e GLCM das imagens de entrada. O classificador

SVM é treinado utilizando estas características para classificar o quisto do ovário com uma precisão de 88,12%. Os modelos criados por Zimmer et al. e Lucidarme et al. têm uma precisão máxima de 70% e 91,73%, respetivamente.

Acharya et al. (2015) utilizaram pistas texturais para distinguir quistos benignos de malignos com uma taxa de exatidão de 97%. A exatidão das características da wavelet de Gabor e dos momentos de Hu com o classificador PNN e dos Higher-Order Spectra (HOS) com o classificador de árvore de decisão foi de 96% e 95%, respetivamente.

Segundo Hata et al. (1999), em vez da ultrassonografia 2D, a ultrassonografia 3D e a ultrassonografia Doppler são necessárias para melhorar o desempenho dos sistemas de diagnóstico baseados em computador. No entanto, o baixo custo e a simplicidade da ultrassonografia 2D são as suas principais vantagens. O objetivo deste trabalho foi criar um modelo de diagnóstico computorizado que pudesse dizer se as imagens transvaginais 2D modo B de quistos do ovário eram inofensivas ou perigosas.

S. Khazendar et al. (2015) incluíram imagens de ultrassom transvaginal 2D modo B estático de 187 tumores ovarianos com diagnóstico histológico estabelecido. Após o pré-processamento e a melhoria das fotografias, foram obtidos histogramas de padrões binários locais a partir de blocos 2 x 2 de cada imagem. Foi treinada uma SVM utilizando validação cruzada estratificada e aleatorização. Cada ronda consistiu na seleção de 100 imagens ao acaso e o procedimento foi repetido 15 vezes. Este método produziu uma precisão de 77%.

Hemita Pathak et al. (2015) registaram uma taxa de precisão de 92%. Este método utiliza a transformada wavelet para remover o ruído de uma imagem, o algoritmo de coocorrência de níveis de cinzento para extrair características de textura, as características extraídas para treinar o SVM (Support Vetor Machine) e o algoritmo Relief-F para escolher características não redundantes que serão treinadas e testadas pelo SVM.

Os primeiros estudos utilizaram padrões binários locais (LBP) e o método de extração de características da matriz de coocorrência de níveis de cinzento para acelerar o cálculo e extrair informação textural. O problema fundamental das actuais abordagens de extração de características é que o algoritmo modifica os valores originais dos pixels, o que afecta o brilho original da imagem. Para resolver este problema, o modelo sugerido modifica os valores dos pixéis de modo a que sejam quase idênticos ao valor original. Consequentemente, o brilho mantém-se inalterado. A comparação dos bins do histograma da imagem utilizando o método de extração de características do padrão binário local constitui um desafio adicional. Várias fotografias podem conter um histograma idêntico. Assim, a comparação de histogramas degrada o desempenho do sistema.

1.7 DECLARAÇÃO DO PROBLEMA

Como a imagem de ultrassom do quisto do ovário é principalmente afetada pelo ruído de manchas, o pré-processamento da imagem é muito importante, bem como o passo inicial para suprimir o ruído de manchas, a fim de melhorar a qualidade da imagem de ultrassom de entrada. O próximo desafio no modelo existente é segmentar o quisto do ovário exatamente porque o SOP contém muitos folículos num ovário. Após o processo de segmentação, é muito importante analisar as características do quisto do ovário, como o quisto benigno ou o quisto maligno. Tanto os quistos benignos como os malignos partilham valores de cinzento semelhantes na imagem de ultra-sons, o que torna muito difícil para os médicos analisar a natureza do quisto. Por conseguinte, foram desenvolvidas várias técnicas de processamento de imagens para ajudar os médicos.

O modelo caracterizado automatizado existente classifica o quisto do ovário como benigno e maligno utilizando a técnica de extração de características Local Binary Pattern. Para obter a imagem LBP, primeiro a imagem segmentada é dividida em sub-blocos e gera um código binário de 8 bits, comparando o valor cinzento de um pixel central com os valores dos pixels circundantes. Em seguida, o código binário é convertido em valor decimal. Finalmente, o histograma de cada sub-bloco é concatenado para obter o histograma global da imagem LBP. Em seguida, as características LBP foram extraídas do histograma da imagem LBP, que é utilizado para treinar a máquina de vectores de apoio para a classificação do quisto do ovário. A principal desvantagem do modelo existente é que altera o grupo de pixéis para um único valor aleatório que é irrelevante para a intensidade do pixel original. Por conseguinte, as características extraídas desta imagem não estão a fornecer informações significativas sobre quistos do ovário benignos e malignos. Para ultrapassar este inconveniente, bem como para melhorar o desempenho do modelo de diagnóstico computorizado, propusemos um modelo de diagnóstico computorizado automatizado utilizando a técnica de extração de características do padrão binário local baseado no valor de cinzento original (OGV-LBP).

1.8 OBJECTIVOS DA INVESTIGAÇÃO

Os objectivos do trabalho de investigação são,

• Selecionar o filtro adequado para remover o ruído das imagens de ultra-sons dos ovários.

• Analisar várias técnicas de segmentação e encontrar a melhor técnica de segmentação para segmentar exatamente a região de interesse (neste caso, quistos nos ovários).

• Para reduzir o tempo de diagnóstico, analisar as várias técnicas de extração de características e selecionar a melhor extração de características.

• Identificar as características adequadas para caraterizar com precisão os quistos do ovário como benignos e malignos.

• Desenvolver um modelo computorizado para a classificação dos quistos do ovário como quistos benignos e malignos para ajudar os médicos a efetuar um diagnóstico fácil e preciso.

• Validar o desempenho do modelo computorizado proposto com a ajuda de um ginecologista.

1.9 ORGANIZAÇÃO DA TESE

A tese é preparada de forma a que a

Chapter 1: Fornece informações pormenorizadas sobre o sistema reprodutor feminino, cancros do sistema reprodutor feminino: An Overview, Ovarian Cancer, Role of Ultrasonography in Ovarian Cancer Diagnosis, Problem Statement, Challenges faced in the existing methodology and Objectives of the Research Work.

Chapter 2: Descreve a recolha de imagens de ultra-sons dos ovários utilizadas neste trabalho de investigação.

Chapter 3: Analisa os tipos de ruídos e as técnicas de filtragem utilizadas para remover os ruídos de speckle das imagens de ultra-sons dos ovários.

Chapter 4: Explica as várias técnicas de segmentação utilizadas no processamento de imagens, os seus inconvenientes e a técnica de segmentação proposta para segmentar a região de interesse com precisão.

Chapter 5: Aborda as técnicas de extração de características existentes e propostas e valida as várias características extraídas.

Chapter 6: Descreve as técnicas de classificação e valida o seu desempenho.

Chapter 7: Conclui o desempenho do trabalho de investigação, a principal contribuição do trabalho de investigação e sugere o âmbito futuro.

2. BASE DE DADOS DE INVESTIGAÇÃO

O trabalho de investigação centrou-se na classificação dos quistos dos ovários como benignos e malignos, com base no líquido contido no quisto. Foi recolhido um total de 120 imagens de ultra-sons dos ovários no Venkateswara Diagnostic Centre, Medavakkam, Chennai-600100. As imagens recolhidas foram classificadas como benignas e malignas. A Tabela 1 descreve o número de imagens de treino e de teste utilizadas para validar o desempenho do modelo computorizado.

Tabela 2.1 Recolha de imagens

Imagem	Formação	Teste	Total
SOP	19	8	27
Quisto benigno	45	15	60
Cisto maligno	42	18	60
Total	**106**	**41**	**147**

3. PRÉ-PROCESSAMENTO DE IMAGENS

Normalmente, o ruído aditivo, também conhecido como ruído Gaussiano, distorce as imagens durante a aquisição e a transmissão. O objetivo de um algoritmo de redução de ruído de imagens é reduzir o ruído, preservando as propriedades da imagem. A redução de ruído de imagens é amplamente utilizada nos domínios da fotografia ou da edição quando uma imagem se degradou e precisa de ser corrigida antes da impressão. O processo de degradação deve ser investigado para desenvolver um modelo para este tipo de aplicação. O método inverso pode ser utilizado para repor a imagem no seu estado inicial após a criação de um modelo do processo de deterioração. Este tipo de restauro de imagens é habitualmente utilizado na exploração espacial para eliminar artefactos provocados por vibrações mecânicas numa nave espacial ou para corrigir a distorção do sistema ótico num telescópio. Na astronomia, onde existem requisitos de resolução rigorosos; na imagiologia médica, onde é necessário avaliar fotografias de eventos invulgares; e na ciência forense, onde ocasionalmente até as provas fotográficas potencialmente cruciais são de muito má qualidade, a denoising de imagens tem aplicações. Este estudo centra-se na questão da redução de ruído de imagens para imagiologia médica. As técnicas de imagiologia, incluindo a TC, a RMN e os ultra-sons, são úteis para diagnosticar e estudar várias doenças. As imagens sem ruído são cruciais para o diagnóstico mais precoce possível de doenças. O ruído Speckle é diferente do ruído uniforme, gaussiano e salgado encontrado nas imagens de ultrassom. O objetivo deste esforço é eliminar o ruído speckle.

O primeiro passo, bem como o passo essencial no processo global do modelo computorizado proposto, que é mostrado na Figura 3.1, é o pré-processamento.

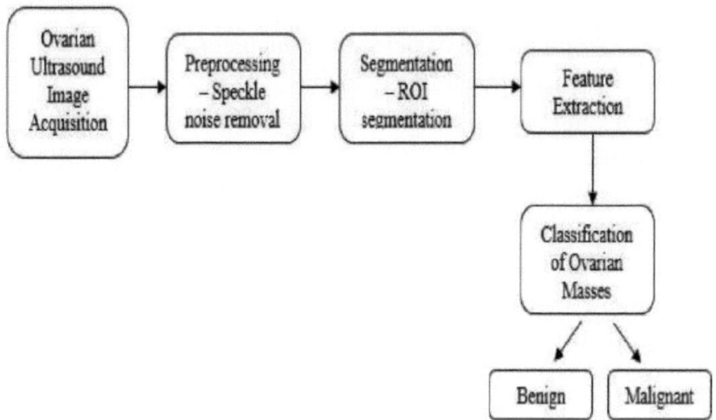

Figura 3.1 Processo global do modelo proposto

Uma peça fundamental da tecnologia no diagnóstico do cancro do ovário é a imagiologia por ultra-sons. No entanto, o ruído speckle causa estragos nas imagens de ultrassom, piorando as bordas das imagens. A precisão da identificação de quistos é afetada pelo ruído speckle. As imagens de ultrassom devem ser filtradas para reduzir o ruído speckle, a fim de obter o diagnóstico adequado. A explicação de muitos factores tecnológicos, tais como a forma como o ruído ocorreu numa imagem e que filtros foram utilizados para o suprimir, é fornecida através da revisão de vários tipos de ruídos que foram encontrados em fotografias e de vários tipos de filtros de imagem. Foi feita uma comparação dos níveis de desempenho de vários filtros utilizados no processamento de imagens médicas. Este capítulo foi escrito de forma a que os modelos de ruído representem os diferentes tipos de ruído que podem existir numa imagem, a avaliação da imagem e as técnicas de filtragem descrevam os diferentes filtros que são utilizados para reduzir o ruído. Conclui-se com os resultados e a afirmação de que os filtros Wavelet e Homomorphic produzem a melhor qualidade de imagem. A secção "Parâmetros" trata dos parâmetros que são utilizados para analisar o nível de desempenho do filtro em termos de redução do ruído.

3.1 MODELOS DE RUÍDO

As alterações aleatórias na informação de brilho e cor são o que produz o ruído. A informação indesejada que está presente na imagem diminui a qualidade da mesma. O sinal ótico é transformado num sinal elétrico durante o processo de aquisição. Esta conversão flutua em cada nível, aumentando a intensidade do pixel numa quantidade aleatória.

- O ambiente no momento em que uma fotografia é obtida é um fator que contribui para o ruído nas fotografias digitais.
- Desempenho do componente de deteção de imagem
- Dificuldades com o canal de transmissão

As imagens podem conter uma variedade de tipos de ruído. São eles,

(a) . Ruído uniforme

O ruído de quantização, muitas vezes referido como ruído uniforme, é produzido quando os pixels de uma imagem são divididos num número de níveis separados. É distribuído uniformemente. O nível dos valores cinzentos do ruído no ruído uniforme é distribuído uniformemente num determinado intervalo. Qualquer estilo de distribuição de ruído pode ser criado utilizando o ruído uniforme. As imagens são frequentemente deterioradas com este ruído para testar métodos de restauro de imagens. O ruído mais imparcial ou neutro é fornecido por este ruído.

$$p(z) = \begin{cases} \frac{1}{b-a} & if\ a \leq z \leq b \\ 0 & otherwise \end{cases} \tag{3.1}$$

Figura 3.2 Ruído uniforme

(b) . Ruído de sal e pimenta

O seu nome deve-se aos pontos pretos e brancos que podem ser vistos na imagem ruidosa. Também é conhecido como ruído de pico, ruído independente, ruído aleatório e ruído de impulso. É provocado por falhas nas células de memória, píxeis partidos do sensor da câmara e problemas de sincronização com a digitalização da imagem. Ocorre durante breves transientes. Existem apenas dois valores potenciais para estes ruídos, e cada um tem uma probabilidade inferior a 0,1. O ruído de sal tem uma intensidade de zero, enquanto o ruído de pimenta tem um valor de 255. O ruído de sal e pimenta pode ser eliminado utilizando o filtro mediano e o filtro morfológico.

$$p(z) = \begin{cases} p_a & for\ z = a \\ p_b & for\ z = b \\ 0 & Otherwise \end{cases} \tag{3.2}$$

Figura 3.3 Ruído salgado e pimenta

(c) . Ruído de manchas

O ruído granular inclui o ruído de manchas. As imagens de SAR (Radar de Abertura Sintética) e de ultra-sons contêm ambos este ruído. O ruído de manchas, que se forma quando as ondas de radar interagem de forma construtiva ou destrutiva, são os pixéis claros e escuros numa imagem. Qualquer tipo de imagem de deteção remota que utilize radiação coerente apresenta frequentemente ruído speckle. As ondas que o sensor ativo emite interagem com a área alvo e viajam em fase. Devido às várias distâncias de viagem, estas ondas estão fora de fase depois de interagirem com a área alvo. Isto provoca a produção de ruído speckle, ou pixéis claros e escuros. Ou seja, um ruído multiplicativo. Tanto um melhor reconhecimento do alvo da cena como uma segmentação automática mais simples da imagem dependem da redução do impacto do ruído speckle. Normalmente, o ruído speckle é reduzido através de filtragem espacial. Independentemente do método utilizado para reduzir o ruído de speckle, a técnica de redução de speckle mantém as linhas entre as diferentes áreas e os dados de textura.

$$p(z) = \frac{z^{\alpha-1}}{(\alpha-1)!a^{\alpha}} e^{-\frac{z}{a}} \tag{3.3}$$

Figura 3.4 Ruído de speckle

(d) . Ruído Gaussiano

O ruído de amplificação é outro nome para este fenómeno. Aplica-se a distribuição Gaussiana e é aditivo por natureza. Tem uma função de distribuição de probabilidade baseada na distribuição normal. Promove a tractabilidade nos domínios da frequência e do espaço. Tem uma base estatística. O ruído Gaussiano Branco é um tipo particular de ruído Gaussiano estatisticamente independente. É provocado por iluminação inadequada, calor extremo ou transmissão. Os filtros espaciais podem ser utilizados para reduzir este ruído.

$$p(z) = \frac{1}{\sigma\sqrt{2\pi}} e^{-\frac{(z-\mu)^2}{2\sigma^2}} \tag{3.4}$$

Figura 3.5 Ruído gaussiano

(e) . Ruído de Poisson

Ruído de disparo ou ruído de fotões são outros nomes para este fenómeno. Ocorre quando não há fotões suficientes a serem detectados pelo sensor para fornecer a informação necessária. Neste caso, vários pixéis apresentam valores de ruído independentes.

3.2 TÉCNICAS DE FILTRAGEM

A eliminação do ruído da imagem é uma etapa crucial no processo de processamento da imagem. Os pormenores da imagem são preservados enquanto o ruído é totalmente removido da imagem utilizando uma variedade de técnicas de filtragem. As duas principais categorias de filtragem são a filtragem linear e a filtragem não linear.

Descrição do filtro:

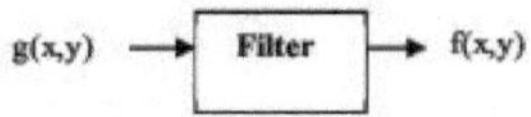

Figura 3.6 Descrição do filtro

em que, g(x,y) = imagem desfocada

f(x,y) = Imagem melhorada

3.1.1 Filtros lineares

Alguns tipos de ruído são removidos utilizando filtros lineares. Para esta utilização, os filtros Gaussianos ou de média são apropriados. Além disso, estes filtros muitas vezes estragam linhas e outras partes pequenas da imagem, esbatem arestas vivas e não funcionam bem quando existe ruído que depende do sinal.

(a) . Filtro de média

Pertence à classe dos filtros lineares. Uma vez que o valor médio de todos os píxeis é utilizado para substituir o valor do píxel central, o filtro de média é por vezes referido como um filtro de média. Isto é feito colocando uma máscara sobre cada pixel e calculando a média dos seus componentes para criar um único pixel. Um filtro espacial simples é o que é. A janela, neste caso, é frequentemente quadrada ou N*N, embora possa ter qualquer forma.

Vantagens: Elimina o ruído de grãos e suaviza uma imagem, tornando as diferenças de intensidade entre os pixéis tão pequenas quanto possível.

A preservação dos bordos é geralmente inferior.

(b) . Filtro Weiner

A imagem que foi distorcida pelo ruído é filtrada utilizando o filtro Weiner. Este utiliza uma metodologia estatística. Para que este filtro funcione, é necessário conhecer as características espectrais do sinal original e do ruído.

A desfocagem é eliminada das imagens e o erro quadrático médio global também é eliminado.

As suas desvantagens são o facto de só poder lidar com ruído aditivo e de só poder oferecer uma estimativa pontual.

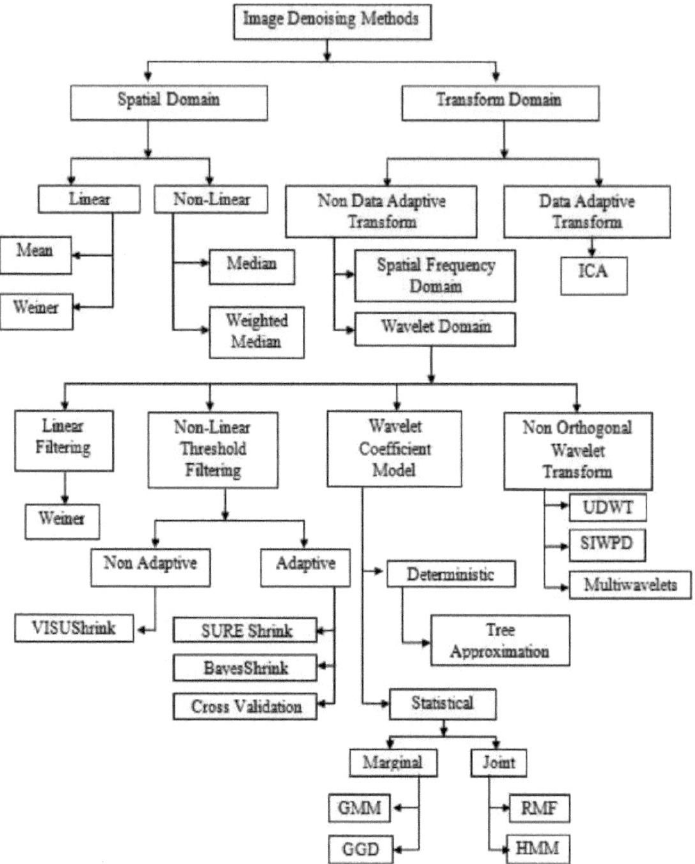

Figura 3.7 Diagrama de blocos de vários métodos de eliminação de ruído

3.2.2 Filtros não lineares

Para resolver os inconvenientes dos filtros lineares, foram recentemente desenvolvidos vários filtros não lineares. Existem vários tipos de filtros lineares e não lineares, incluindo:

(a) . Filtro mediano

Este filtro é não linear. O valor mediano é localizado e substituído por cada entrada na janela para efetuar a filtragem. A mediana é simplesmente o valor no meio após todos os valores na janela terem sido classificados em ordem crescente. Se houver um número ímpar de pontos de dados na janela, a mediana é simples. Haverá vários valores centrais se o número de valores for par.

Vantagens: Funciona melhor com ruído de sal e pimenta e pode ser utilizado para cancelar o efeito de valores de ruído de entrada muito grandes.

Um problema com este filtro é o facto de custar mais, ser mais difícil de perceber e funcionar mais lentamente do que outros filtros.

(b) . Filtro homomórfico

Um filtro homomórfico é um tipo de filtro que reduz o ruído multiplicativo. Além disso, é aplicado para melhorar o contraste e o brilho da imagem. Para uniformizar a iluminação da imagem, os componentes de alta frequência que indicam a reflectância são melhorados, enquanto os componentes de baixa frequência que representam as iluminações são eliminados. Pensa-se que o ruído multiplicativo causado por estas variações de luz é suprimido por filtragem no domínio logarítmico. É o chamado "modelo de reflectância da iluminação" e é utilizado para compensar a má iluminação.

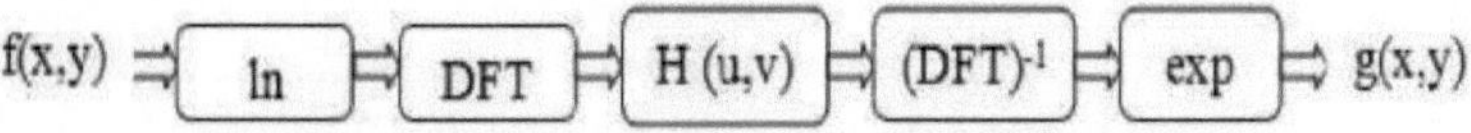

Figura 3.8 Diagrama de blocos do filtro homomórfico.

(c) . Filtro Butterworth

Um filtro no domínio da frequência denominado filtro Butterworth gera resultados comparáveis à suavização gaussiana no domínio espacial. A principal diferença entre os filtros de domínio espacial e de frequência é que, com os filtros espaciais, o custo de computação aumenta à medida que o desvio padrão aumenta, mas com os filtros de domínio de frequência, o custo de computação permanece o mesmo, independentemente da função de filtro.

(d) . Filtro Wavelet

A transformada wavelet tem ganho muita força nos domínios da análise de imagens, da eliminação de ruído e da compressão. A transformada é conhecida como wavelet porque decompõe um sinal ou imagem numa coleção de operações fundamentais. As wavelets são amostradas de forma discreta, utilizando a Transformada de Wavelet Discreta. A principal vantagem da transformada wavelet é o facto de registar dados tanto em frequência como em posição. Na DWT, a imagem é dividida em quatro sub-bandas que são geradas por aplicações separadas de filtros horizontais e verticais. O nível seguinte de coeficientes wavelet é encontrado através de uma decomposição adicional do LL1, que representa o coeficiente de nível grosseiro. Esta técnica é designada por decomposição wavelet de dois níveis e é ilustrada na Figura 3.9.

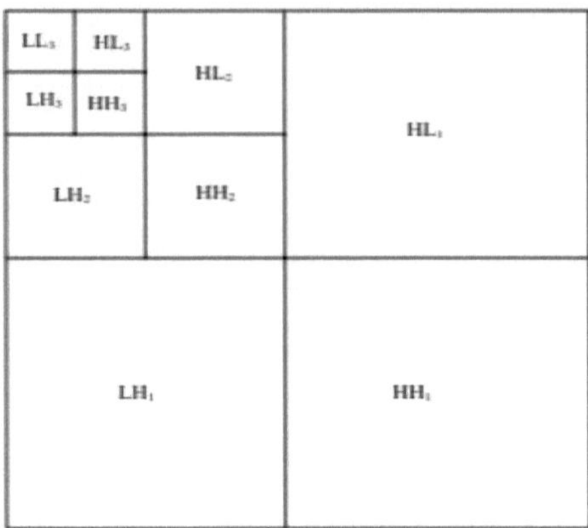

Figura 3.9 Transformada wavelet 2D

3.3 PARÂMETROS DE AVALIAÇÃO DA IMAGEM

Uma imagem pode sofrer distorções durante a aquisição, transmissão e reprodução, o que diminui a qualidade da imagem. Para uma análise exacta e a utilização de imagens no diagnóstico precoce de várias doenças, é crucial na profissão médica remover o ruído das imagens. O rácio sinal/ruído (SNR), o erro quadrático médio (MSE) e o rácio pico sinal/ruído (PSNR) são utilizados para avaliar as imagens. O MSE é utilizado nestes parâmetros para exprimir o grau de diferença entre a imagem estimada e a imagem original. Um valor de MSE mais baixo indica uma correspondência mais próxima entre as imagens estimada e original. A ligação entre a imagem original e o erro de estimativa é demonstrada utilizando SNR e PSNR. Valores elevados de SNR e PSNR significam progresso.

$$MSE = \frac{1}{M.N} \sum_{m=0}^{M-1} \sum_{n=0}^{N-1} [I(m,n) - I_e(m,n)]^2 \qquad (3.5)$$

$$SNR = 10.log_{10} \frac{\frac{1}{M.N} \sum_{m=0}^{M-1} \sum_{n=0}^{N-1} I^2(m,n)}{MSE} \qquad (3.6)$$

$$PSNR = 10.log_{10} \frac{255^2}{MSE} \qquad (3.7)$$

Onde, I = Imagem original.

Ie = Imagem estimada.

M. N = Medidas da imagem.

3.4 A ESSÊNCIA DAS TÉCNICAS DE DENOISING

O processamento de imagens é essencial na área da medicina, uma vez que o ruído na imagem digitalizada conduz a uma série de problemas, incluindo a necessidade de digitalizar novamente os doentes, o aumento do tempo de processamento e, mais importante, a incapacidade do médico de identificar com precisão o problema para tratamento. Vários filtros, como o mediano, wavelet e outros, são utilizados para eliminar o ruído numa imagem digitalizada. Isto torna a imagem melhor. A importância da redução de ruído para aplicações médicas pode ser vista na Figura 3.10.

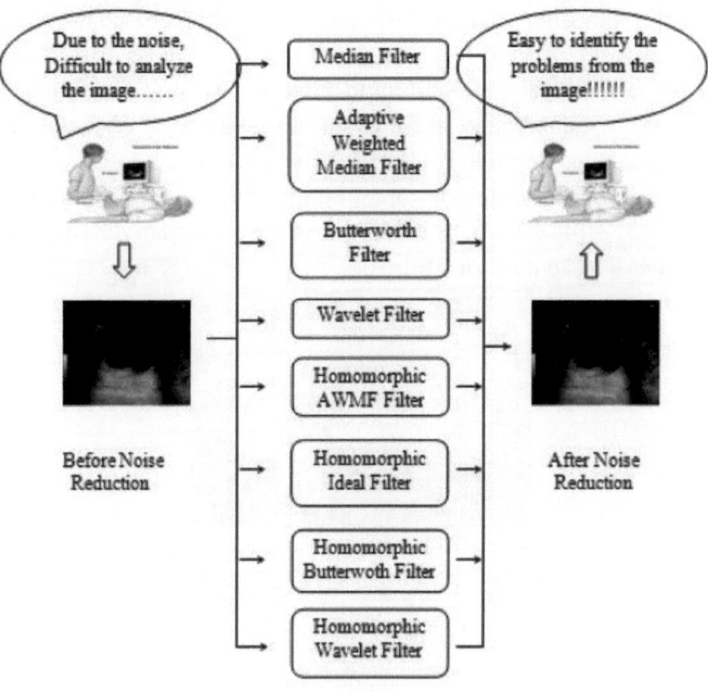

Figura 3.10 Importância da redução do ruído para a medicina

Aplicações

Os médicos utilizam imagens de ultra-sons dos ovários para identificar quistos nos ovários. É necessário reduzir o ruído das imagens de ultra-sons porque o ruído de speckle afecta principalmente as imagens de ultra-sons. Foram examinados vários métodos de filtragem, incluindo filtros Mediana, Fourier ideal, Butterworth, Wavelet, homomórfico ideal e homomórfico Butterworth. Utilizando a relação sinal/ruído, o pico da relação sinal/ruído e o erro quadrático médio, é avaliado o desempenho da técnica de filtragem. As imagens que foram desenotizadas após a utilização de vários filtros são apresentadas na secção seguinte.

3.5 RESULTADOS E DISCUSSÃO

O procedimento completo de processamento de imagens é executado num CPU Intel Core 2duo a 2,4 GHz e o Matlab R2014a é utilizado para visualizar os resultados da simulação. A imagem de ultra-sons dos ovários da Figura 3.10 é utilizada para contrastar diferentes estratégias de filtragem. Esta imagem tem uma resolução de 246x177 pixéis. Utilizando medidas de desempenho quantitativas, como a relação sinal/ruído (SNR), a relação sinal/ruído de pico (PSNR) e o erro quadrático médio, foi investigada a eficácia de vários algoritmos de redução de ruído (MSE). A Tabela 3.1, 3.2, 3.3, 3.4, 3.5, 3.6 e 3.7 apresenta os valores de saída que foram obtidos para esta imagem. As Figuras 3.11, 3.12, 3.13, 3.14, 3.15, 3.16 e 3.17 mostram a imagem denotizada que foi criada após a utilização de vários filtros.

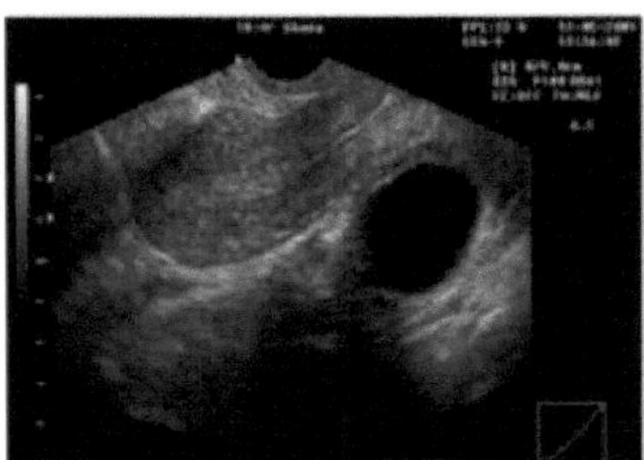

Figura 3.11. Imagem de referência

Tabela 3.1 Métricas do filtro mediano.

Filtro	Janela	MSE	PSNR	SNR
Filtro mediano	3 X 3	0.0008	79.03	72.345
	5 X 5	0.0052	70.98	64.292
	7 X 7	0.0155	66.24	59.56
	9 X 9	0.019	65.45	58.76

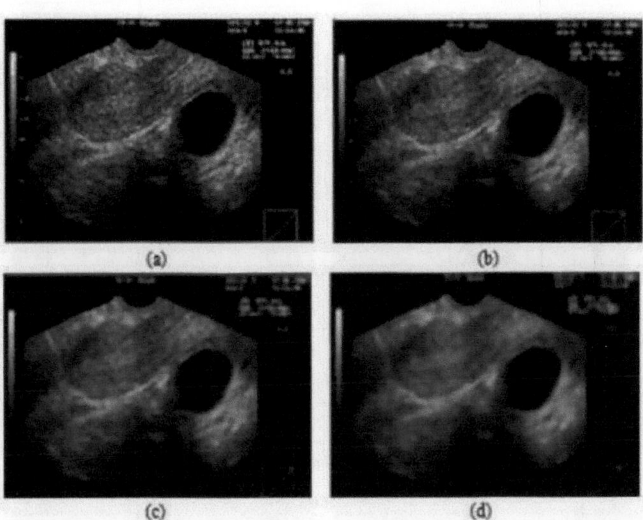

Figura 3.12 Imagens filtradas pela mediana com diferentes tamanhos de janela
(a) Janela 3 x 3. (b) Janela 5 x 5. (c) Janela 7 x 7. (d) Janela 9 x 9.

Tabela 3.2 Métricas obtidas com a aplicação do Filtro Ideal de Fourier.

Filtro	Corte Frequência	MSE	PSNR	SNR
Filtro ideal de Fourier	10	0.023	64.44	57.751
	30	0.0182	65.538	58.85
	40	0.0155	66.235	59.547
	50	0.0133	66.91	60.22

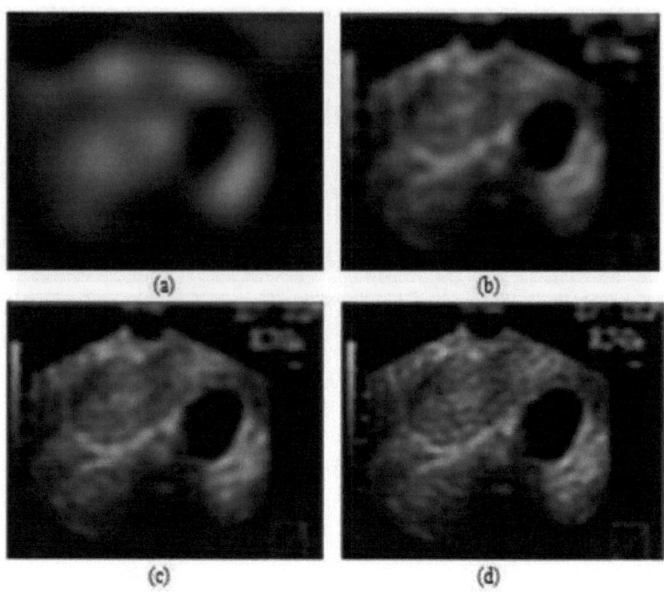

Figura 3.13 Imagens filtradas com a ideia de Fourier com diferentes frequências de corte. (a) Frequência de corte=10. (b) Frequência de corte =30. (c) Frequência de corte =40. (d) Frequência de corte =50.

Tabela 3.3 Métricas do filtro Butterworth.

Filtro	Corte Frequência	MSE	PSNR	SNR
Filtro Butterworth	10	0.022	64.704	58.02
	30	0.0168	65.88	59.191
	40	0.014	66.731	60.043
	50	0.0114	67.563	60.875

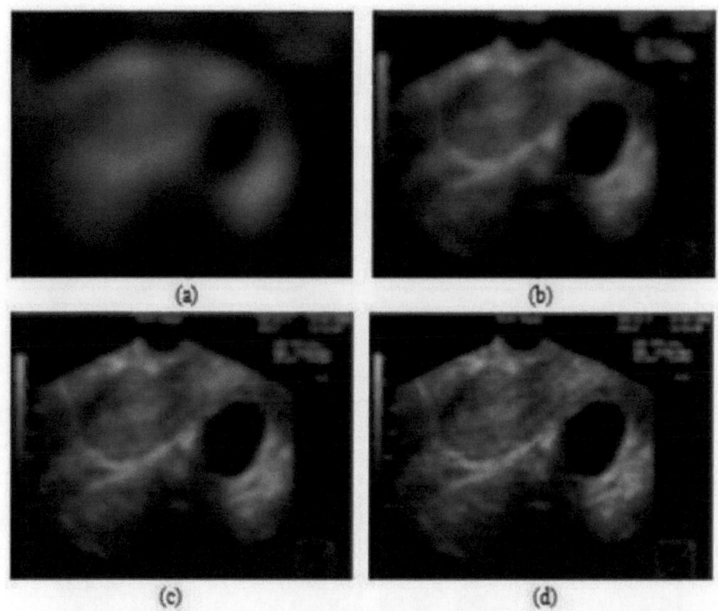

Figura 3.14 Imagem filtrada por Butterworth com diferentes frequências de corte

(a) Frequência de corte=10. (b) Frequência de corte =30.

(c) Frequência de corte =40. (d) Frequência de corte =50.

Tabela 3.4 Métricas obtidas com a aplicação do filtro Wavelet.

Filtro	Nível	Banda	MSE	PSNR	SNR
Filtro Wavelet	I	Alto Baixo	0.00071	79.63	72.94
	I	Baixa Elevado	0.0012	77.354	70.67
	I	Elevado Elevado	5.7	90.602	83.91
	II	Alto Baixo	0.089	58.67	51.99
	II	Baixa Elevado	0.091	58.6	51.867
	II	Elevado Elevado	0.091	58.559	51.87
	II	Baixa Alta- Alta Alta	0.09	58.565	51.88

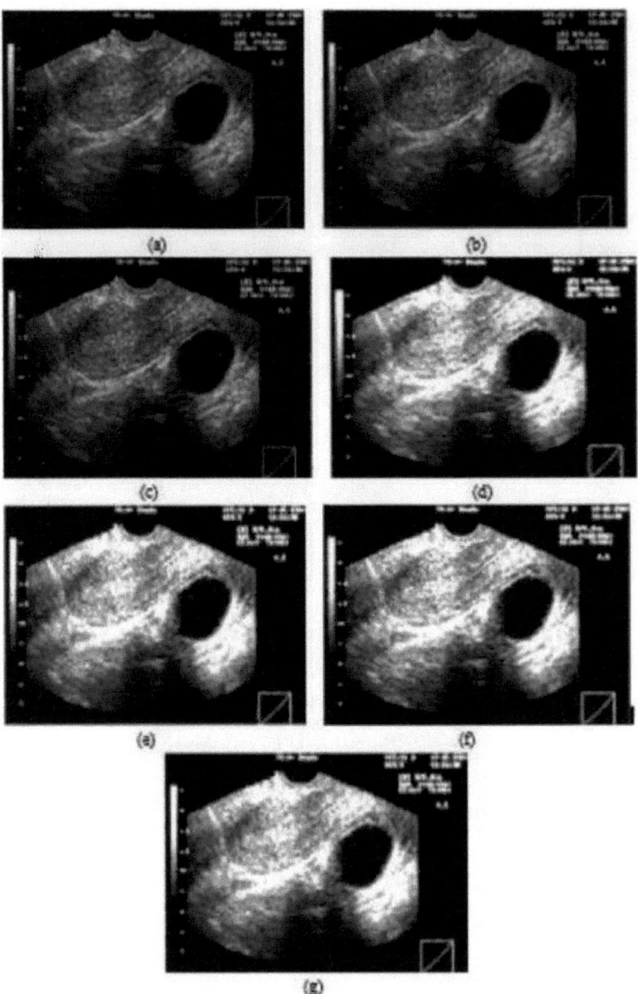

Figura 3.15 Imagem filtrada por Wavelet com diferentes níveis de banda

(a) I-Alto Baixo. (b) I-Low High. (c) I-Alto Alto. (d) II-Alto Baixo. (e). II-Baixo Alto. (f). II-Alto Alto. (g). II-Baixo Alto -Alto Alto

Tabela 3.5 Métricas do filtro ideal de Fourier homomórfico.

Filtro	Frequência de corte	MSE	PSNR	SNR
Filtro ideal homomórfic o de Fourier	10	0.03	63.6591	56.98
	30	0.0209	64.93	58.246
	40	0.018	65.63	58.95
	50	0.015	66.33	59.64

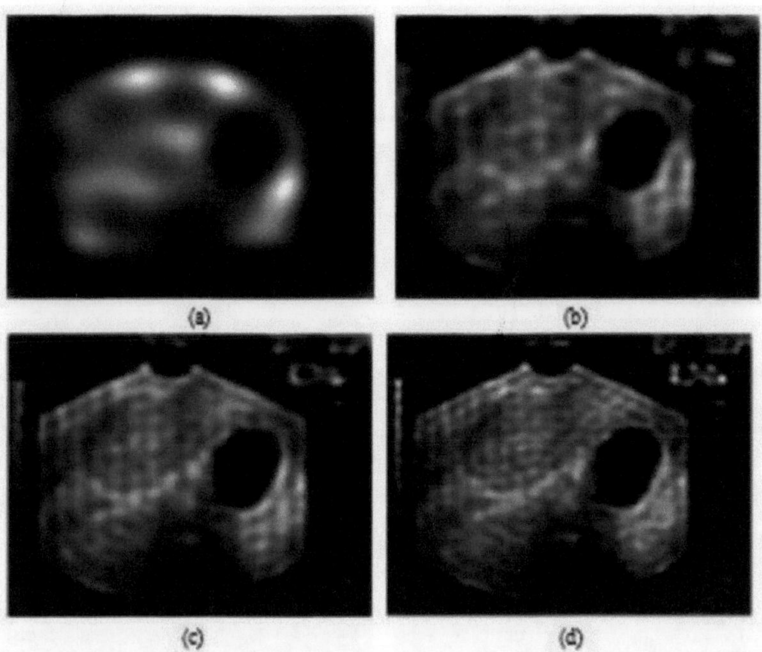

Figura 3.16 Imagem com filtro ideal de Fourier homomórfico com diferentes

frequências de corte.
(a) Frequência de corte=10. (b) Frequência de corte =30. (c) Frequência de corte
=40. (d) Frequência de corte =50.

Tabela 3.6 Métricas do filtro Butterworth de Fourier homomórfico.

Filtro	Frequência de corte	MSE	PSNR	SNR
Filtro homomórfic o de Fourier Butterworth	10	0.0242	64.3	57.61
	30	0.019	65.4	58.72
	40	0.016	66.13	59.44
	50	0.013	66.9	60.215

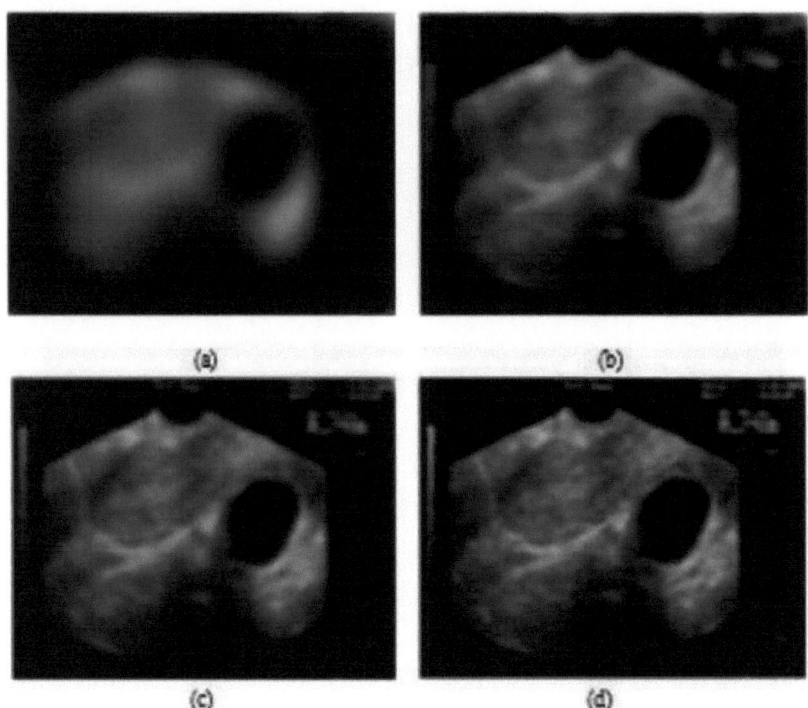

Figura 3.17 Imagem homomórfica filtrada por Fourier Butterworth com diferentes frequências de corte. (a) Frequência de corte=10. (b) Frequência de corte =30. (c) Frequência de corte =40. (d) Frequência de corte =50.

Tabela 3.7 Métricas do filtro Wavelet homomórfico.

Filtro	Nível	Banda	MSE	PSNR	SNR
Filtro Wavelet Homomórfico	I	Alto Baixo	0.0008	79.18	72.5
	I	Baixa Alta	0.0013	76.99	70.31
	I	Elevado Elevado	8.27	88.96	82.3
	I	Baixa Alta- Alta Alta	0.001	76.92	70.23
	II	Alto Baixo	0.0292	63.481	56.8
	II	Baixa Alta	0.030	63.34	56.7
	II	Elevado Elevado	0.0274	63.76	57.07
	II	Baixa Alta- Alta Alta	0.030	63.31	56.62

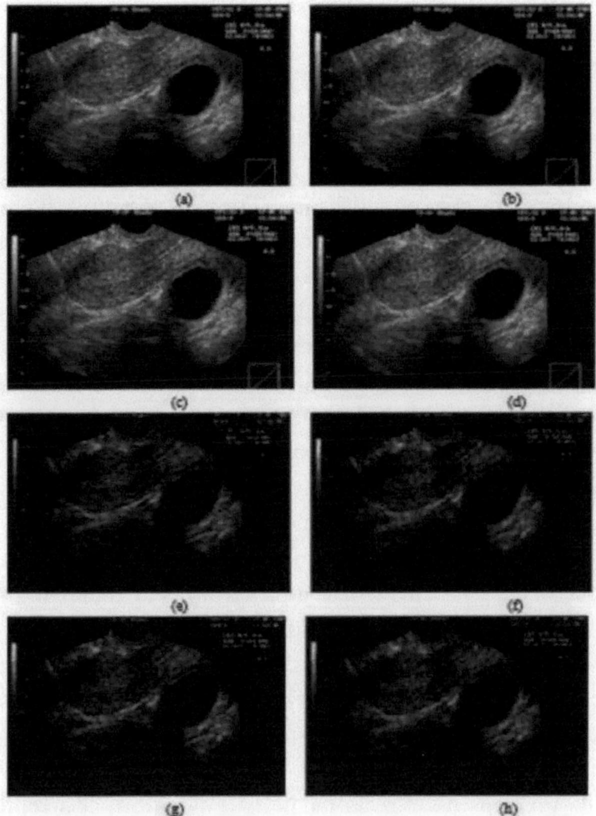

Figura 3.18 Imagem filtrada por Wavelet homomórfica com diferentes níveis de banda (a) I-High Low. (b) I-Baixo Alto. (c) I-Alto Alto. (d). I-Baixo Alto-Alto Alto. (e) II-Alto Baixo. (f). II-Baixa Alta. (g). II-Alto Alto. (h). II- Baixo Alto-Alto Alto

3.6 CONCLUSÃO

Neste capítulo, foram examinados vários métodos de denoising. As técnicas de imagiologia médica, como a ressonância magnética, os raios X e os exames de ultra-sons, são fundamentais para o diagnóstico de uma vasta gama de doenças. Para reduzir o ruído em imagens médicas, este capítulo concentrou-se em técnicas para suprimir o ruído de manchas em imagens de ultra-sons. Esta comparação mostra que os filtros wavelet homomórficos são bons na remoção do ruído speckle de imagens de ultra-sons de quistos nos ovários, porque têm um erro quadrático médio mais baixo e uma relação sinal/ruído de pico mais elevada.

4. SEGMENTAÇÃO

A segmentação de imagens é uma abordagem crucial e essencial na indústria médica, uma vez que facilita a distinção entre estruturas anatómicas e outras áreas de interesse numa variedade de modalidades de imagiologia, como os ultra-sons e a tomografia computorizada. Por ser não invasiva e a radiação utilizada ser maioritariamente segura, a imagiologia por ultra-sons é uma das muitas modalidades de imagiologia que é crucial no sector médico. No entanto, a imagem produzida por esta modalidade é distorcida por uma série de razões, incluindo o ruído intrínseco do equipamento, o desconhecimento do operador, etc. Este facto aumenta a dificuldade de localizar a área de interesse. São utilizadas várias abordagens de segmentação para resolver este problema. Cada método de segmentação tem as suas próprias vantagens e desvantagens. Este capítulo aborda diferentes formas de dividir uma imagem, como por exemplo, por bordos, limiares, regiões, clusters ou texturas.

A disciplina da medicina preocupa-se em encontrar uma cura para todos os tipos de doenças imagináveis. A imagem é uma ferramenta muito importante nesta situação porque dá ao médico muita informação que o ajuda a descobrir o que está errado. No entanto, este método é complicado devido ao ruído da imagem. Para evitar esta complicação, são utilizadas técnicas de segmentação. Uma imagem é segmentada em várias partes, que podem ser homogéneas ou heterogéneas, dependendo de uma série de parâmetros. O objetivo básico da segmentação de imagens na área da medicina é transformar a representação da imagem em algo mais significativo e compreensível, de modo a que a região de interesse possa ser mais facilmente examinada. Existem dois tipos de técnicas de segmentação. Há a segmentação baseada na semelhança, em que a imagem é dividida com base na semelhança dos níveis de cinzento de um pixel. Esta categoria inclui abordagens de segmentação baseadas em limiares e em regiões. O método seguinte de segmentação é baseado na descontinuidade. Neste método, uma imagem é dividida com base numa mudança abrupta da sua intensidade. As técnicas de segmentação baseadas em arestas inserem-se nesta área.

4.1 TÉCNICAS DE SEGMENTAÇÃO

Uma área de investigação importante é a utilização da segmentação de imagens na indústria médica. Encontrar uma estratégia de segmentação adequada e generalizada para qualquer tipo de imagem é crucial, apesar do facto de existirem muitas técnicas de segmentação acessíveis. Como resultado, dependendo das características da imagem, são aplicadas várias abordagens de segmentação a diferentes imagens, incluindo TC, ultra-sons e RM. Dois aspectos fundamentais dos valores de intensidade são utilizados para agrupar as abordagens de segmentação de imagens.

4.1.1 Com base na descontinuidade

Numa imagem, existem três tipos diferentes de descontinuidades em tons de cinzento. Estas consistem em arestas, linhas e pontos. A segmentação baseada em arestas é uma delas que é frequentemente utilizada. As descontinuidades são encontradas através do processamento de máscaras.

(a). Reconhecimento de arestas

Uma borda ou limite numa imagem é quando existe uma mudança acentuada nos níveis de intensidade entre pixels próximos numa direção. Ao identificar os limites que separam as várias secções de uma imagem, a segmentação baseada em limites separa a região de interesse. Devido ao ruído de speckle numa imagem de ultra-sons, o bordo não pode ser segmentado eficazmente. A deteção de bordos utiliza a suavização da imagem para reduzir o ruído da imagem, de modo a ultrapassar esta limitação. Como resultado, a imagem é agora mais adequada para a segmentação.

O gradiente pode ser utilizado para encontrar o bordo. A derivada para essa imagem, f(x,y), também conhecida como gradiente, é utilizada sempre que existe uma mudança acentuada na intensidade da imagem perto do seu bordo. Neste caso, a imagem foi envolvida por um operador de gradiente. A definição de um gradiente (f) numa imagem f(x,y) é

$$\nabla f = \begin{bmatrix} G_x \\ G_y \end{bmatrix} \tag{4.1}$$

Para a deteção de bordos, a magnitude e a direção do vetor de gradiente são utilizados. É expresso como,

$$mag(\nabla f) = \sqrt{G_x^2 + G_y^2} \tag{4.2}$$

$$\propto (x,y) = tan^{-1}\left(\frac{G_Y}{G_x}\right) \tag{4.3}$$

4.1.2 Com base na similaridade

Para segmentar a área de interesse com base na semelhança, são aplicadas várias abordagens de segmentação. São elas,

4.1.2.1 Segmentação baseada em regiões

A segmentação baseada em bordos divide uma imagem em secções com base no local onde os níveis de intensidade mudam. A segmentação baseada em limiar utiliza um limiar baseado nos valores dos níveis de cinzento para dividir uma imagem em secções. No entanto, a segmentação baseada na área localiza efetivamente a região. Para tal, devem ser cumpridos os seguintes requisitos. Deixe "R" representar a imagem de entrada completa que foi dividida em "n" regiões, tais como R1, R2, R3,... Rn.

(i) . A imagem de entrada como um todo é igual à soma de todas as regiões.

$$U_{i=1}^{n} R_i = R \tag{4.4}$$

(ii) . Tem de haver conetividade entre todos os pixels de uma região.

(iii). Os pixels em duas regiões diferentes devem ser heterogéneos.

$$R_i \cap R_j \neq \emptyset \tag{4.5}$$

(iv). Os níveis de intensidade dos píxeis de cada região devem coincidir.

(v) . Da mesma forma, um pixel numa zona vizinha deve ter um nível de intensidade distinto.

Dois métodos de segmentação baseados em regiões são,

(i) . Região em crescimento

Com base em alguns critérios de semelhança pré-determinados, como o valor da intensidade, a cor e a textura, os pixels são agrupados em secções maiores. Para tal, é escolhido um pixel de semente e, em seguida, são adicionados ao pixel de semente píxéis próximos que tenham qualidades comparáveis. Isto cria as regiões. O primeiro dos três principais problemas desta estratégia é a escolha do pixel de semente, que depende da natureza do problema em causa. Em segundo lugar, a escolha do critério de semelhança depende tanto do tipo de imagem como do problema apresentado. A região deve parar de crescer quando não houver mais píxéis que satisfaçam o critério de semelhança. Este é o terceiro passo para chegar a uma regra sobre quando parar.

(ii) Fusão e divisão de regiões

É um procedimento em que uma imagem é primeiro dividida em áreas e estas regiões são subsequentemente combinadas ou separadas para satisfazer os requisitos essenciais. Esta técnica é composta por três etapas. Estas incluem

(a) Divisão de regiões: Uma árvore quádrupla, ou seja, uma árvore em que cada nó tem exatamente quatro seguidores, é utilizada para ilustrar este conceito. A utilização desta técnica envolve dois passos essenciais. P representa o predicado e R representa a imagem de entrada completa.

Passo 1: R é dividido em quatro secções de quadrantes, designadas por Ri, em que i = 1, 2, 3 e 4. Isto é feito se o predicado P para a imagem R (P (R)) for falso.

Passo 2: Cada zona é novamente dividida em sub-quadrantes se o predicado para qualquer uma das quatro regiões for falso.

Etapa 3: As etapas 1 e 2 são repetidas até que P(Ri) = Verdadeiro, para todas as sub-regiões Ri.

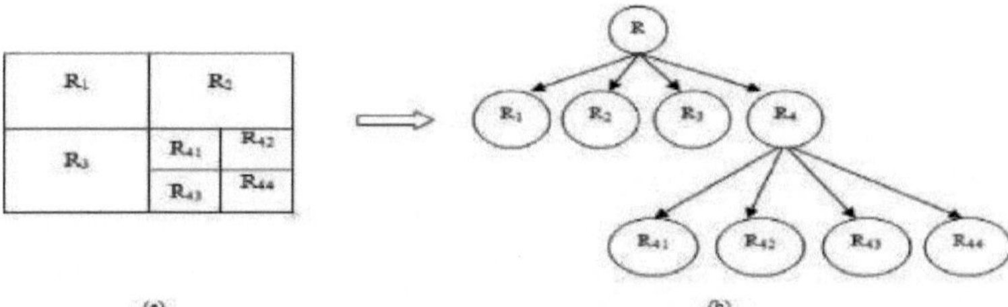

Figura 4.1 Divisão de regiões

(b) . Fusão de regiões: Se uma região adjacente tiver propriedades idênticas, o resultado é a divisão da região.

(c) . Dividir e fundir: Este é o processo conjunto de divisão e fusão de regiões.

4.1.2.2 Segmentação baseada na textura

A única distinção entre a segmentação por textura e a segmentação por região é a utilização de medidas de textura no predicado P(Ri). A quantidade de conteúdo textural é crucial na descrição de um local. As medidas de características como a suavidade e a aspereza são fornecidas pela textura da região. Estes atributos dependem todos da média e do desvio padrão de cada pixel numa determinada área. A textura da região é descrita através de três métodos diferentes. São eles,

• Uma abordagem estatística que classifica a textura da área como grosseira, suave, granulada, etc.

• Método estrutural, que se baseia na forma como os pixéis estão dispostos na imagem, tal como a forma como a textura é descrita. É frequentemente utilizado para descrever a textura.

• A textura é descrita através de uma técnica espetral, que utiliza características do espetro de Fourier. Este método localiza os picos estreitos e de alta energia no espetro. As principais aplicações desta técnica são a deteção de periodicidade global em imagens e a descrição da direccionalidade de padrões 2D periódicos em imagens.

4.1.2.3 Segmentação com bacias hidrográficas morfológicas

A categoria de métodos de processamento de imagem conhecida como morfologia lida com imagens baseadas em formas. Combina uma imagem binária e um elemento estruturante como entradas utilizando o operador de conjunto para criar uma imagem de saída do mesmo tamanho. Dado que avalia a imagem de entrada, o aspeto estrutural é um elemento vital. A origem é o pixel que está agora a ser processado, que é o pixel no meio do elemento estrutural. Duas operações morfológicas são fundamentais:

• Dilatação, em que o valor do pixel de saída é igual a todos os pixels próximos que têm o valor mais elevado.

59

- Erosão, em que o valor do pixel de saída é o mais baixo de todos os que estão próximos do pixel de entrada.

Muitas ideias de várias abordagens de segmentação, como a segmentação baseada em regiões, a limiarização e outras, são incorporadas na segmentação utilizando a tecnologia morfológica de bacias hidrográficas. Com esta técnica, a imagem é vista em três dimensões. Estão presentes níveis de cinzento e duas coordenadas espaciais. O principal objetivo deste método consiste em identificar a linha de bacia hidrográfica que divide a imagem em várias partes. Os passos necessários para esta abordagem são os seguintes:

Passo 1: Cada mínimo regional é primeiro perfurado.

Passo 2: Em seguida, permite-se que a água inunde a imagem que está a ser processada.

Etapa 3: São criadas várias bases de captação. É construída uma barragem para impedir a fusão destas bacias quando a subida das águas ameaça fazê-lo.

Etapa 4: Continuar a deixar a água subir até que os topos das barragens possam ser vistos na água.

Passo 5: As linhas da bacia hidrográfica são os limites da barragem. A região segmentada é formada por isto.

4.1.2.4 Segmentação baseada em limiar

Devido ao seu cálculo rápido e implementação simples, a limiarização de imagens desempenha um papel importante nas aplicações de segmentação de imagens. Na segmentação baseada nos bordos, as regiões eram localizadas através da procura de bordos, que eram depois ligados aos limites. Ao contrário da segmentação baseada na limiarização, que divide a região de acordo com os valores de intensidade. A região segmentada g (x,y) da imagem de entrada f (x,y) é obtida utilizando esta técnica e é dada por

$$g(x,y) = \begin{cases} 1, & if\ f(x,y) > T \\ 0, & if\ f(x,y) \leq T \end{cases} \tag{4.6}$$

Onde, T é o limiar.

Escolhe-se que o valor de "T" deve distinguir a região do fundo. A limiarização global é utilizada quando o valor de "T" permanece o mesmo ao longo de toda a imagem. A limiarização local, ou limiarização variável, é o termo utilizado quando o valor de "T" varia ao longo de uma imagem. O valor de "T" nesta limiarização local baseia-se na área à volta de cada ponto (x, y) numa imagem (x, y). A técnica de limiarização alternativa é a limiarização múltipla, na qual a região de interesse é localizada utilizando vários valores de limiar. A imagem segmentada produzida por esta técnica é fornecida por,

$$g(x,y) = \begin{cases} a, & if\ f(x,y) > T_2 \\ b, & if\ T_1 < f(x,y) \le T_2 \\ c, & if\ f(x,y) \le T_2 \end{cases} \qquad (4.7)$$

Onde, a,b,c = Valores de intensidade distintos.

A desvantagem deste método é o facto de ser difícil de executar porque são utilizados muitos valores de limiar. As seguintes categorias aplicam-se às técnicas de segmentação baseadas em limiares:

(a) . Limiarização global

Um único valor de limiar pode ser utilizado para distinguir entre objectos de fundo e de primeiro plano quando as suas distribuições de intensidade são diferentes. O valor do nível de cinzento e as propriedades dos pixels de uma imagem são os únicos factores que afectam o valor do limiar. Para papéis complexos, este limiar não é adequado e, por vezes, é ruidoso. As abordagens tradicionais, iterativas e de vários estágios são algumas das mais utilizadas em todo o mundo.

(b) . Limiarização adaptativa

A limiarização de uma imagem tem como objetivo classificar os pixels como "escuros" ou "brilhantes". Descobriu-se que a limiarização adaptativa é superior às técnicas de limiarização tradicionais. Algumas áreas de uma imagem permanecem mais sombreadas, e as iluminações também têm frequentemente um impacto na imagem. No método de limiarização tradicional, o valor médio é assumido como um valor de limiar mundial ou padrão. Um tipo de limiarização designado por limiarização adaptativa tem em conta as flutuações espaciais na iluminação. Na sua forma mais básica, a limiarização adaptativa produz uma imagem binária que representa a segmentação de uma imagem a cores ou em escala de cinzentos. É necessário determinar um limiar para cada pixel da imagem. Quando uma área mais escura ou um conjunto de pixels numa imagem tem valores superiores ao valor do limiar, essa área da imagem está em primeiro plano. Do mesmo modo, se o valor for inferior ao valor de limiar, o pixel ou a parte está oculta.

É um método que também pode ser utilizado para produzir um histograma que determina de forma independente o valor limite. O intervalo do histograma determina os valores de vários critérios predefinidos. Mas para separar duas zonas basta um valor de limiar. Com a ajuda de valores de pixéis e intensidades, as imagens podem ser representadas no processamento de imagens. O nível de intensidade tem de ser aplicado de novo se ficar abaixo do valor de limiar.

A equação matemática para a limiarização é dada por,

$$f(a,b) = \begin{cases} 1, I(a,b) < T(a,b) \\ 0, otherwise \end{cases} \qquad (4.8)$$

Onde, *f(a, b)* é a imagem binária de entrada *I(a, b)* e o limiar *T(a, b)* da imagem
é determinado a partir dos valores do histograma. O pixel acima do limiar é
definido como 1, caso contrário é definido como 0. Figura 4.2 O processo global
do algoritmo de limiarização adaptativa.

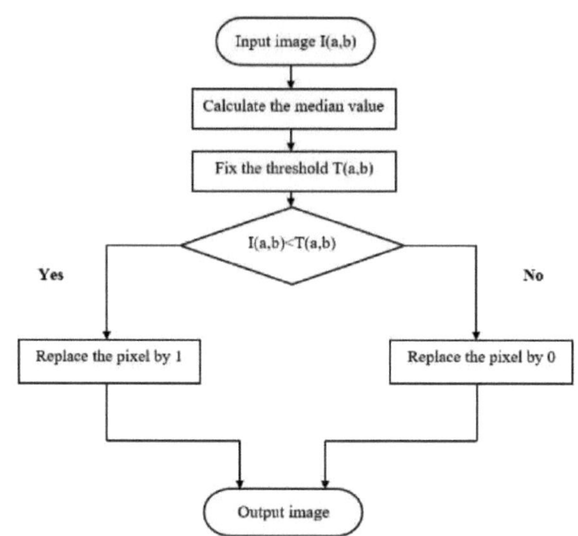

Figura 4.2 O processo global do algoritmo de limiarização adaptativo

Embora este método de limiarização adaptativo funcione melhor em imagens
normais, não divide de forma fiável a área de interesse em imagens de ultra-sons
do ovário.

Este capítulo avaliou, detalhou, analisou e resumiu uma série de artigos
relacionados com a segmentação. Os benefícios, as desvantagens, os objectivos
e a eficiência de vários algoritmos de segmentação são abordados neste
documento. No entanto, existem vantagens nesta abordagem de limiarização
adaptativa, incluindo baixa complexidade computacional, baixo custo e pouca
sensibilidade à iluminação. A fiabilidade da segmentação da área de interesse
não é fiável, o que constitui uma desvantagem. A qualidade da imagem
segmentada é assim melhorada através da utilização do melhorador proposto.

4.2 SEGMENTAÇÃO POR LIMIAR ADAPTATIVO MODIFICADO

O passo mais importante é separar os quistos do ovário das imagens de ultra-
sons. Como um ovário pode ter vários cistos, é crucial segmentar cada cisto com
precisão. Embora sejam utilizadas várias técnicas de segmentação para ajudar os
médicos a identificar e contar os quistos, continua a ser necessário improvisar
para melhorar a qualidade da imagem segmentada. A saída binária é

frequentemente produzida pela imagem segmentada da limiarização adaptativa. Porque o resultado da imagem segmentada é de qualidade inferior. Para obter o resultado segmentado desejado, a qualidade da imagem segmentada foi melhorada pelo trabalho proposto. O fluxo de trabalho do melhorador proposto está representado na Figura 4.3.

4.2.1 Procedimento de segmentação

A seguir, descreve-se o procedimento geral do nosso melhorador sugerido:

Obter a imagem segmentada da limiarização adaptativa como imagem de entrada na etapa 1.

Passo 2: A partir da imagem binária segmentada, criar sub-blocos de 3*3.

Passo 3: No sub-bloco 3*3, adicionar os valores dos píxeis. Substituir o valor do píxel 1 por 0 se a soma dos valores dos píxeis for inferior a K.

Passo 4: O valor do pixel permanece o mesmo se o valor total do pixel for superior a K.

Passo 5: Para terminar a imagem, repita os passos 3 e 4 até estar concluída.

Obtenha a imagem segmentada melhorada no passo 6.

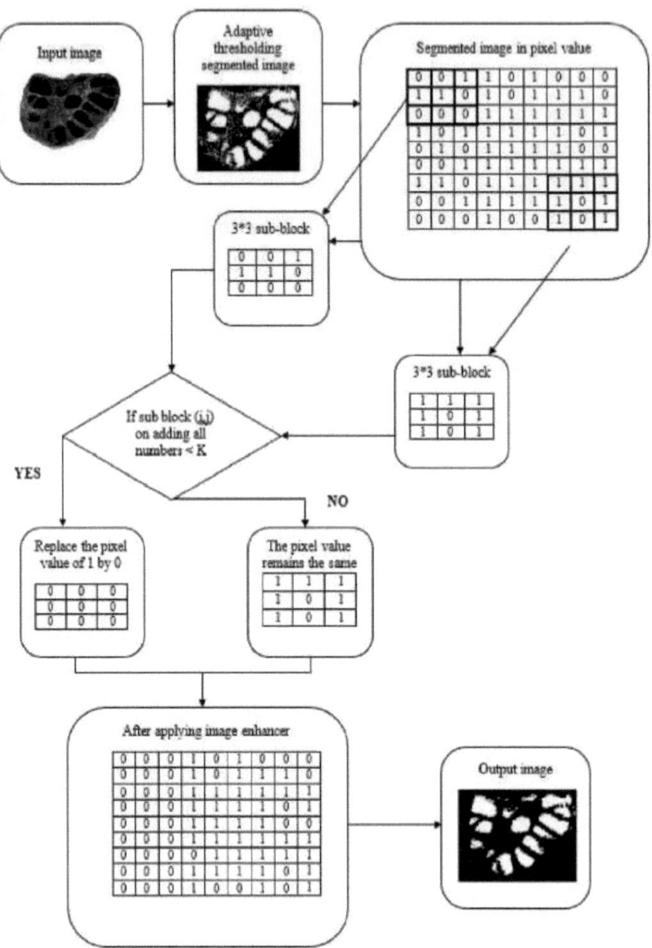

Figura 4.3 O fluxo de trabalho do Enhancer proposto

4.3 RESULTADOS E DISCUSSÃO

Os testes foram realizados num PC Dell equipado com um processador Intel(R) core^{TM} i3 com uma velocidade de 2,30 GHz e 4,0 GB de RAM. Utilizámos o sistema operativo Windows 10 e o programa MATLAB R2019b. Um total de 100 imagens de ultrassom de cistos ovarianos foi usado como amostra para segmentação usando o método de limiarização adaptável. Uma observação é que, em comparação com a saída segmentada da limiarização adaptativa, algumas das características quantitativas aumentaram para a saída segmentada sugerida. Vários parâmetros, como a exatidão, a sensibilidade, o coeficiente de dados, a especificidade, o índice de semelhança de Jaccard, a precisão e o coeficiente de correlação de Matthews são medidos utilizando as expressões abaixo, a fim de comparar quantitativamente o desempenho do método de segmentação proposto com o método existente.

$$Accuracy(ACC) = \frac{(TP+TN)}{(FN+FP+TP+TN)} \qquad (4.9)$$

$$Dice\ Co-efficient\ (DC) = \frac{(2\times TP)}{(2\times TP+FP+FN)} \qquad (4.10)$$

$$Jaccard\ Similarity\ Index(JSI) = \frac{Dice\ Co-efficient}{(2-Dice\ Co-efficient)} \qquad (4.11)$$

$$MCC = \frac{(TP\times TN-FP\times FN)}{\sqrt{((TP+FP)\times(TP+FN)\times(TN+FP)\times(TN+FN))}} \qquad (4.12)$$

$$Precision = \frac{TP}{(TP+FP)} \qquad (4.13)$$

$$Sensitivity = \frac{TP}{(TP+FN)} \qquad (4.14)$$

$$Specificity = \frac{TN}{(TN+FP)} \qquad (4.15)$$

A figura seguinte compara o desempenho da técnica de limiarização adaptativa com o melhorador proposto.

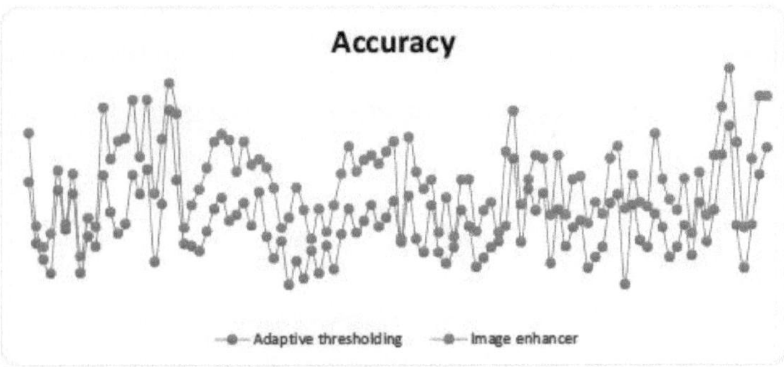

Figura 4.4 Comparação de desempenho - Precisão

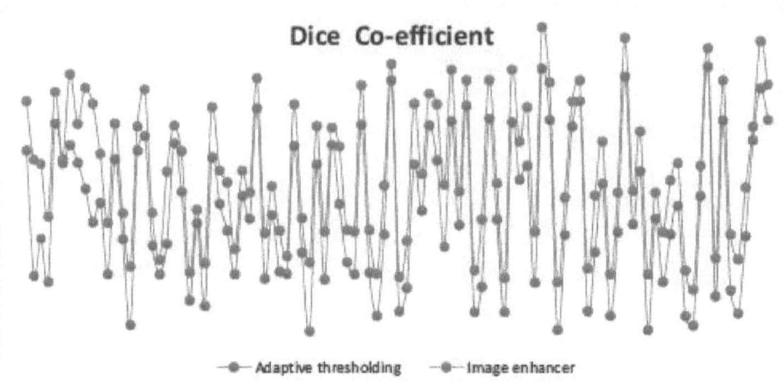

Figura 4.5 Comparação de desempenho - Coeficiente de dados

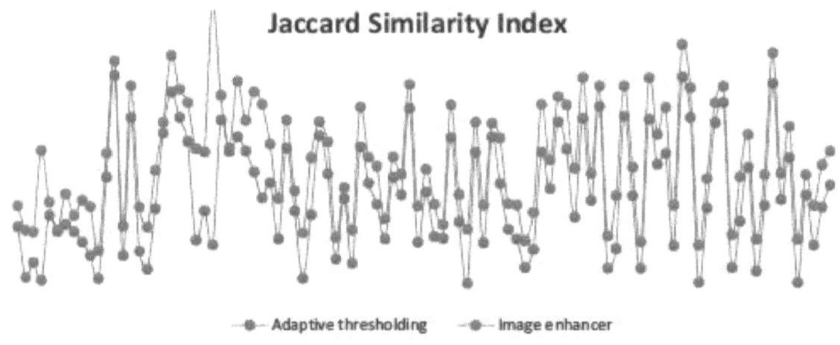

Figura 4.6 Comparação de desempenho - Índice de similaridade Jaccard

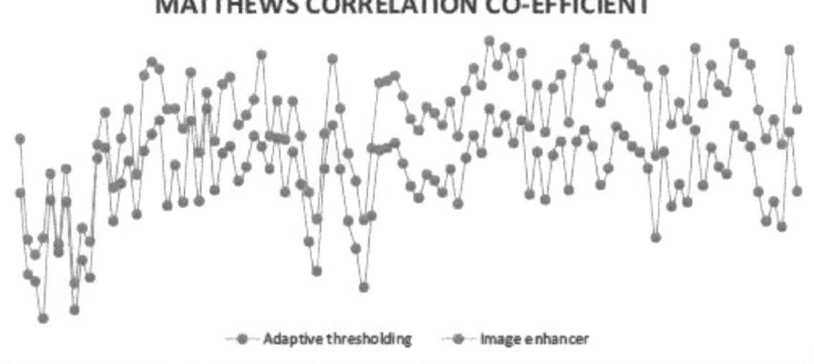

Figura 4.7 Comparação de desempenho - Correlação de Matthews Co- eficiente

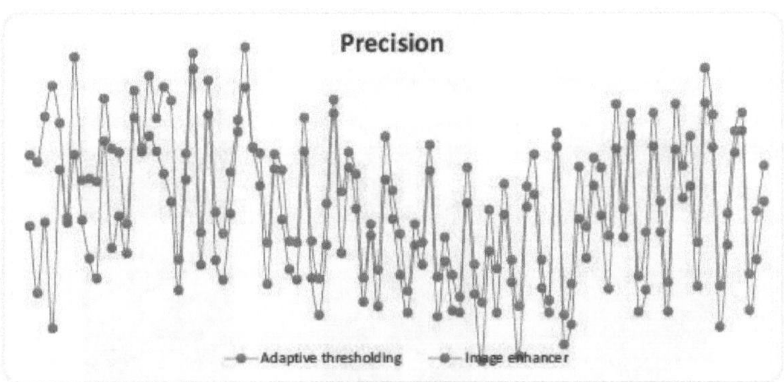

Figura 4.8 Comparação de desempenho - Precisão

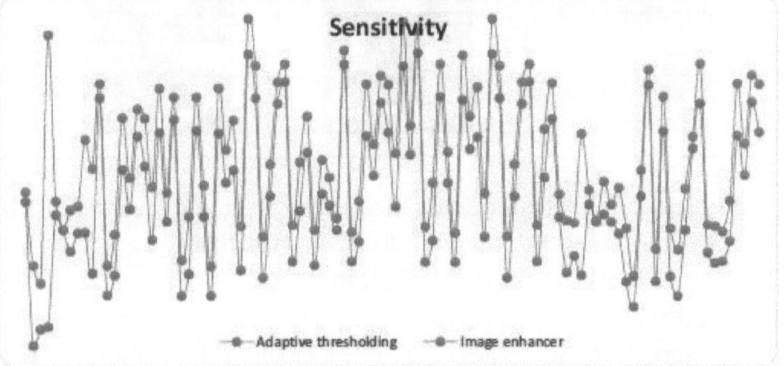

Figura 4.9 Comparação de desempenho - Sensibilidade

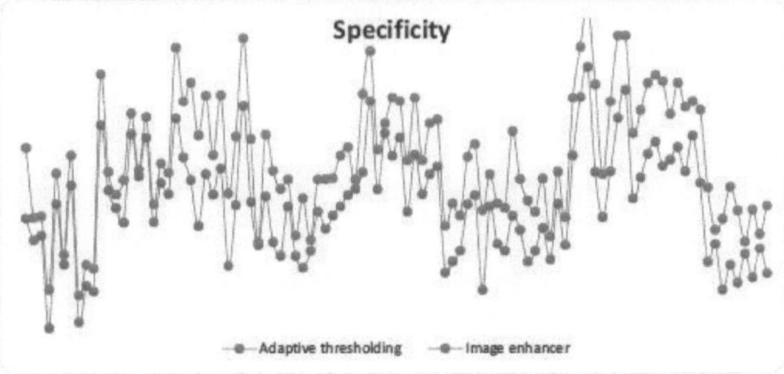

Figura 4.10 Comparação de desempenho - Especificidade

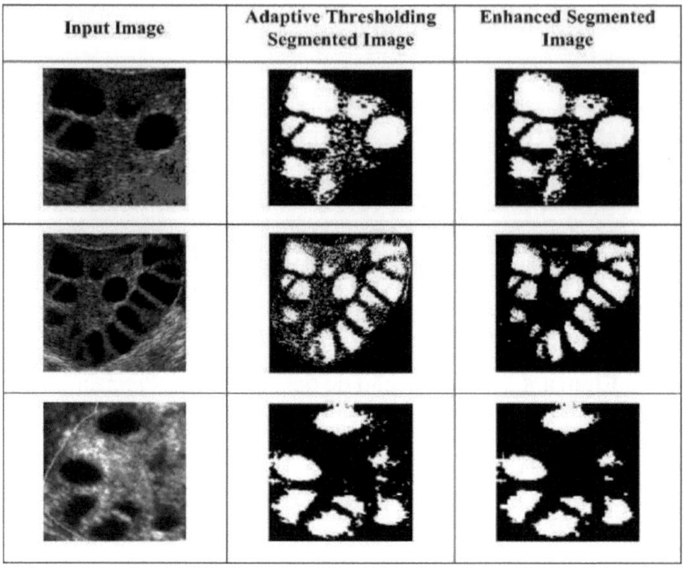

Input Image	Adaptive Thresholding Segmented Image	Enhanced Segmented Image

Figura 4.11 Comparação da imagem segmentada utilizando
a técnica de limiarização adaptativa
e o optimizador

4.4 CONCLUSÃO

A partir da Figura 4.11, observa-se que o desempenho do melhorador é melhor do que a técnica de limiarização adaptativa. O melhorador proposto melhora a qualidade da imagem segmentada de forma eficiente, removendo as manchas brancas indesejadas.

5. EXTRACÇÃO E SELECÇÃO DE CARACTERÍSTICAS

A extração de características é importante no processamento de imagens médicas porque retira a informação mais importante dos dados em bruto e identifica-a com precisão, minimizando as variações e os avanços dentro das classes. Para classificar com precisão o quisto do ovário, deve ser escolhido o melhor algoritmo de extração de características com base na aplicação. As características gerais e as características específicas do domínio são as duas categorias de características. A forma, a cor e a textura são exemplos de características gerais. A textura é uma caraterística que nos diz algo sobre a forma como as cores ou intensidades na imagem estão distribuídas espacialmente. A distribuição geográfica dos níveis de intensidade vizinhos é utilizada para classificar as texturas. A extração de características de textura é o processo de extração de características através da análise de textura.

A firmeza, a forma, o tamanho, a solidez, o número de cavidades uniloculares e multiloculares presentes no tumor e a solidez são características importantes para distinguir os tumores benignos e malignos do ovário. Estas características podem ser examinadas utilizando imagens de ultra-sons de quistos do ovário. O conteúdo de cor é um dos sinais mais óbvios da vascularização do tumor. Os tumores malignos têm normalmente um fluxo Doppler a cores mais forte. Seguem-se as características morfológicas das massas ováricas benignas e malignas:

Benigno	Maligno
⊱ Unilocularidade ⊱ Suavidade ⊱ Componentes sólidos com um diâmetro máximo < 7 mm ⊱ Falta de fluxo sanguíneo	⊱ Multilocularidade ⊱ Irregularidade ⊱ Componente sólido com um diâmetro > 100 Mm ⊱ Estruturas papilares e presença de ascite ⊱ Melhoria do fluxo sanguíneo

• Unilocularidade

Os médicos utilizam estas características como um indicador fiável para distinguir entre tumores benignos e malignos. Estas características estruturais reflectem-se nas flutuações não lineares da textura das imagens de ultra-sons. Estas variações não lineares são captadas como características de textura úteis para avaliar as alterações na regularidade, intensidade, contraste, aspereza e homogeneidade dos pixels. Os descritores de textura mais comuns são as Leis da Energia da Textura (LTE), o Padrão Binário Local (LBP), os momentos invariantes de Hu e as entropias. O LBP é o mais adequado destes descritores de textura, uma vez que isola os aspectos estruturais e estatísticos importantes da textura da imagem. Por ser mais rápido de calcular, o LBP tornou-se uma técnica popular para a extração de características de textura em trabalhos recentes.

5.1 PADRÃO BINÁRIO LOCAL (LBP)

O padrão binário local é um método de extração de características muito apreciado e frequentemente utilizado. O LBP é utilizado principalmente na categorização de imagens médicas com base na textura, na anotação de imagens médicas, no reconhecimento de rostos e impressões digitais e na recuperação de imagens. A imagem inteira é dividida em três sub-blocos de 3 x 3 e, comparando o valor de cinzento de um pixel central com os valores dos pixéis circundantes, são criados vários padrões binários.

$$f(I_P - I_C) = \begin{cases} 1, & I_P > I_C \\ 0, & otherwise \end{cases} \tag{5.1}$$

em que, I_P= pixel vizinho e I_c = pixel central do sub-bloco 3 x 3.

Em seguida, o padrão binário é convertido em valor decimal e o pixel central é substituído por este valor decimal, como na equação 2.

$$LBP = \sum_{P=0}^{7} f(I_P - I_C)2^P \tag{5.2}$$

Por fim, compara as imagens utilizando os bins do histograma. O processo do LBP é apresentado na figura 5.1.

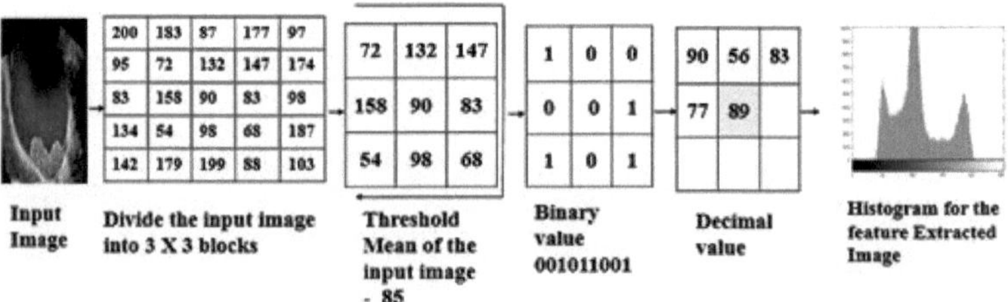

Figura 5.1 Processo de LBP básico

5.2 METODOLOGIA ACTUAL

Utilizando o LBP, S. Khazendar et al. criaram um modelo automatizado para classificar os quistos do ovário como benignos ou malignos. A imagem segmentada é inicialmente dividida em blocos mais pequenos para criar um código binário de 8 bits, comparando os valores de cinzento do pixel central e os valores dos pixéis à sua volta. Este processo produz a imagem LBP. O código binário é então traduzido para um valor decimal, que varia entre 0 e 255. O histograma global da imagem LBP é então criado através da concatenação dos histogramas de cada sub-bloco. As características do histograma foram retiradas da imagem LBP e utilizadas para treinar a máquina de vectores de apoio. Para a imagem original, a ROI original, a imagem melhorada e a ROI melhorada, foi obtida a imagem LBP. Finalmente, foi alcançada uma precisão de 0,62 a 0,78. A Figura 5.2 mostra a criação da imagem LBP no modelo atual.

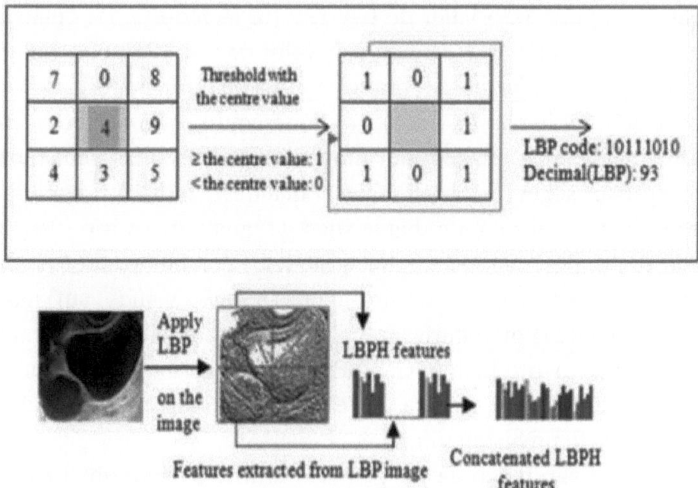

Figura 5.2 Esta figura descreve o processo de geração do código LBP, do valor decimal, do histograma e da concatenação do histograma.

A desvantagem desta abordagem é que,

1. É necessário minimizar a dimensionalidade da imagem sem comprometer a intensidade original, porque a intensidade é o principal indicador para diferenciar os cancros do ovário benignos dos malignos. No entanto, a intensidade do pixel do sub-bloco 3 x 3 no LBP convencional é transformada num número decimal aleatório que não tem qualquer relação com a intensidade original. Uma vez que o histograma se baseia na intensidade da imagem, este número decimal aleatório faz com que os histogramas das imagens benignas e malignas sejam muito diferentes.

2. Neste estudo, foram criados padrões de histograma de referência utilizando

LBP para imagens benignas e malignas, e a SVM foi depois treinada utilizando estes padrões. No entanto, devido aos seus níveis de intensidade idênticos, é possível que os quistos do ovário benignos e malignos tenham o mesmo histograma. O desempenho do classificador SVM é subsequentemente afetado por este facto.

Sugerimos um modelo de diagnóstico automático computorizado que utiliza uma técnica de extração de características de padrões binários locais baseada no valor de cinzento original para resolver estes problemas e aumentar a precisão.

5.3 METODOLOGIA PROPOSTA

Certas proteínas no sangue podem ser uma das razões para o cancro do ovário. O teste CA-125 é um dos parâmetros importantes na classificação do quisto do ovário como benigno ou maligno. É medido em unidades por mililitro (U/mL). Se o valor do CA 125 for de 0 a 35 unidades/mL, então o quisto do ovário pode ser um quisto simples. Se o valor de CA 125 for superior a 35, então o quisto pode ser um quisto maligno. No entanto, o valor de CA-125 pode variar devido a doenças do fígado, menstruação, gravidez e doença inflamatória pélvica. Para ultrapassar este problema, os médicos preferem o rastreio por ultra-sons. Embora a modalidade de imagem por ultra-sons tenha muitas vantagens, como ser não invasiva, segura e não utilizar qualquer radiação nociva, requer examinadores experientes para o diagnóstico de quisto do ovário. Para ajudar o examinador, foram desenvolvidos muitos modelos computorizados com a ajuda de técnicas de processamento de imagem. Desenvolvemos um modelo de diagnóstico automático computorizado utilizando o padrão binário local baseado no valor de cinzento original (OGV-LBP), que tem um desempenho eficaz quando comparado com a técnica de extração de características do padrão binário local baseado no histograma.

Os histogramas do sub-bloco da imagem são utilizados para obter as variações localizadas na intensidade e posicionar as regiões mais brilhantes. A distribuição de probabilidade de uma imagem para cada nível de intensidade 'i' é dada como:

$$p(i) = \frac{H(i)}{N \times M} \tag{5.3}$$

Onde, H(i) = Histograma de uma imagem e N e M = Tamanho de uma imagem.

As várias características estatísticas baseadas na textura, como a média, o desvio padrão, a assimetria, a variância, a entropia, etc., foram obtidas a partir de p(i).

Finalmente, estas características são concatenadas num único vetor de características que é utilizado para caraterizar o quisto do ovário como benigno ou maligno. Por conseguinte, é necessário manter um nível de intensidade semelhante mesmo após a aplicação da técnica de padrão binário local. Para o conseguir, propusemos uma técnica de extração de características de padrão

binário local baseada no valor de cinzento original (OGV-LBP). O processo de
obtenção do valor OGV-LBP é apresentado de seguida:

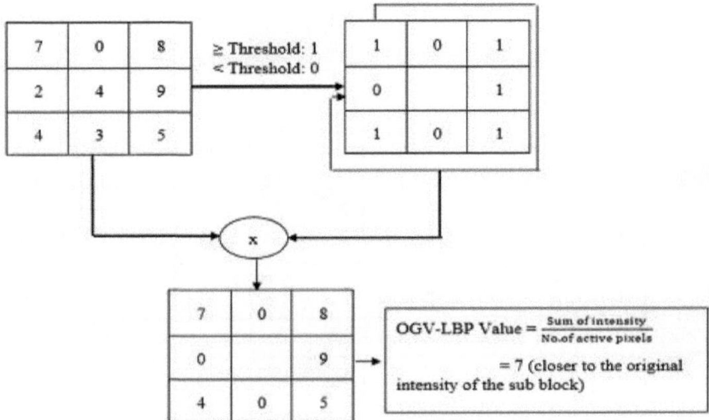

Figura 5.3 Esta figura descreve o processo de geração do código LBP e do valor
decimal utilizando OGV-LBP

A partir do processo acima apresentado, fica claramente provado que a
intensidade semelhante de cada sub-bloco pode ser mantida mesmo após a
aplicação da técnica LBP. Agora, o histograma da imagem original é semelhante
ao histograma da imagem OGV-LBP. Como a imagem OGV-LBP fornece a
informação espacial original da imagem, o quisto do ovário benigno e maligno
pode ser caracterizado eficazmente utilizando as características texturais
extraídas desta imagem. No entanto, muitas imagens podem ter um histograma
semelhante. A imagem de ultra-sons de um quisto benigno e maligno do ovário
partilha valores de intensidade semelhantes. Por conseguinte, existe a
possibilidade de existirem histogramas semelhantes para quistos do ovário
benignos e malignos. Neste caso, se as características baseadas no histograma
forem utilizadas para treinar a SVM, o desempenho da SVM pode ser reduzido.
Para aumentar o desempenho da SVM, foram extraídas diretamente das imagens
OGV-LBP características estatísticas de textura como a média, o desvio padrão,
a entropia, a variância, a curtose e o contraste. Uma vez que estas características
fornecem informações significativamente elevadas sobre o quisto benigno e
maligno, o desempenho da máquina de vectores de apoio pode ser aumentado. O
processo global do modelo de diagnóstico proposto é apresentado na Figura 5.4.

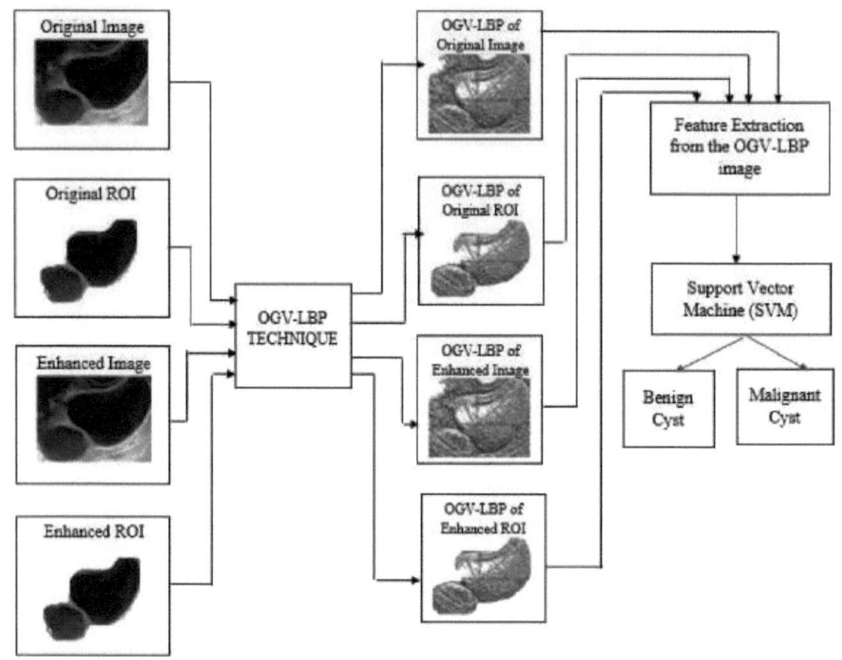

Figura 5.4 Esta figura descreve o processo global do modelo baseado em OGV-LBP.

5.4 RESULTADOS E DISCUSSÃO

Uma vez que os tumores do ovário benignos e malignos podem ter histogramas semelhantes, em vez da comparação dos bins do histograma, extraímos várias características estatísticas da imagem OGV-LBP benigna e da imagem OGV-LBP maligna. Para encontrar as características significativas entre as várias características extraídas, foi calculado o valor p. Este valor indica se as duas classes, benigna e maligna, são diferentes. Com base no valor p (um valor mais baixo indica que a caraterística é a mais significativa), seleccionámos características estatísticas como a média, o desvio padrão, a entropia, a curtose, a variância, a assimetria e o contraste. As figuras seguintes mostram a eficácia da extração de características baseada em OGV-LBP proposta e da extração de características LBP tradicional.

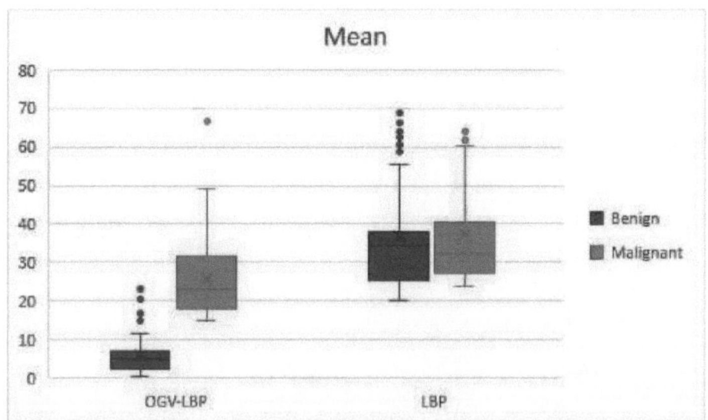
Figura 5.5 Comparação de OGV-LBP vs LBP utilizando a média

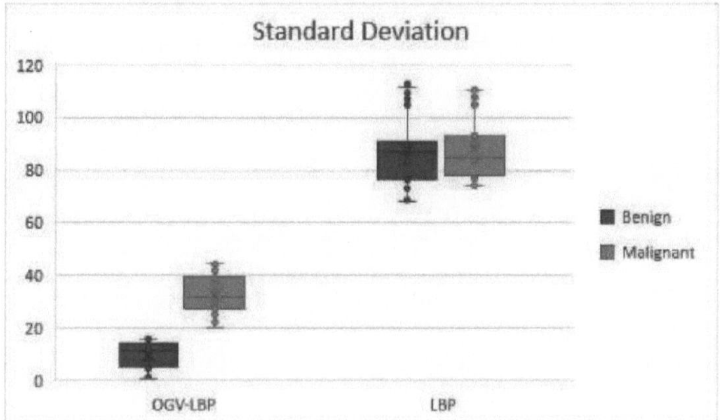
Figura 5.6 Comparação de OGV-LBP vs LBP utilizando o desvio padrão

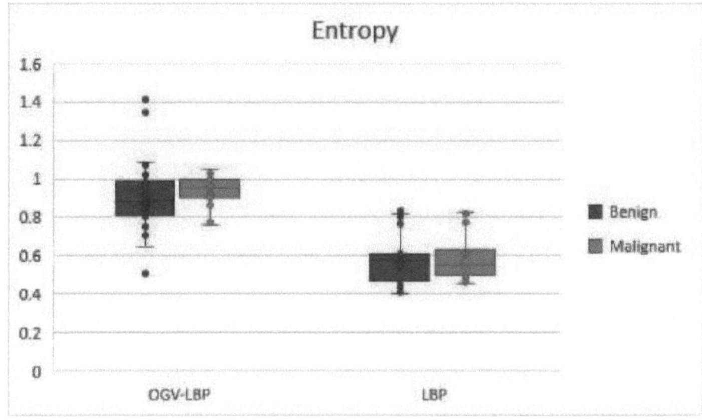
Figura 5.7 Comparação de OGV-LBP vs LBP usando Entropia

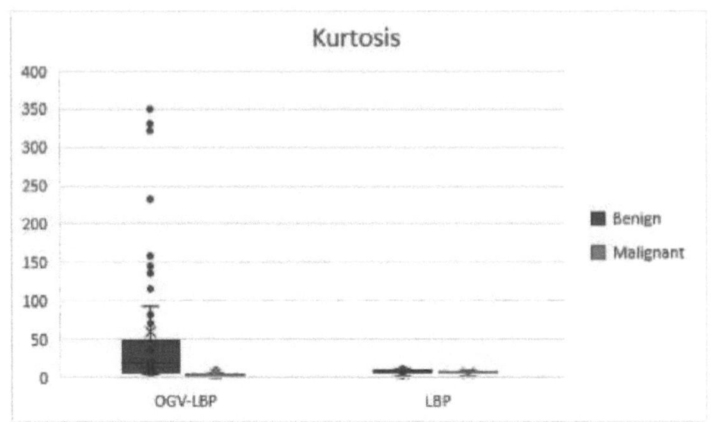

Figura 5.8 Comparação de OGV-LBP vs LBP utilizando a curtose

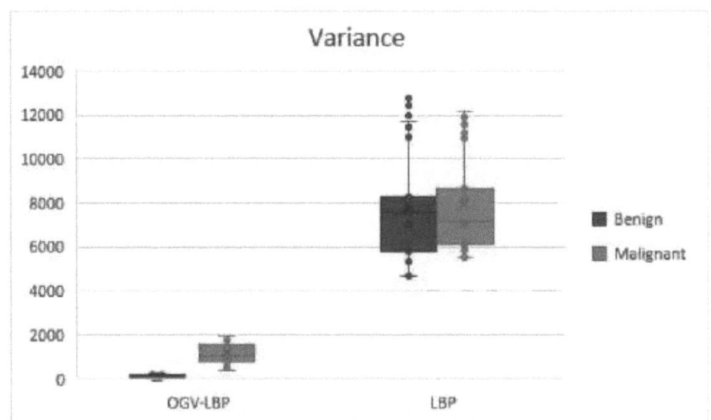

Figura 5.9 Comparação de OGV-LBP vs LBP utilizando a variância

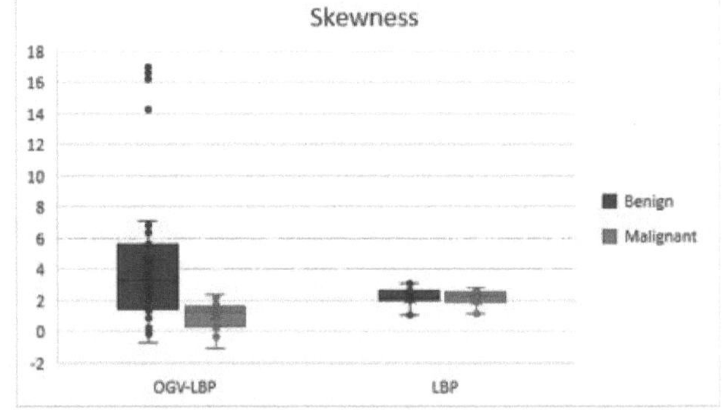

Figura 5.10 Comparação de OGV-LBP vs LBP utilizando Skewness

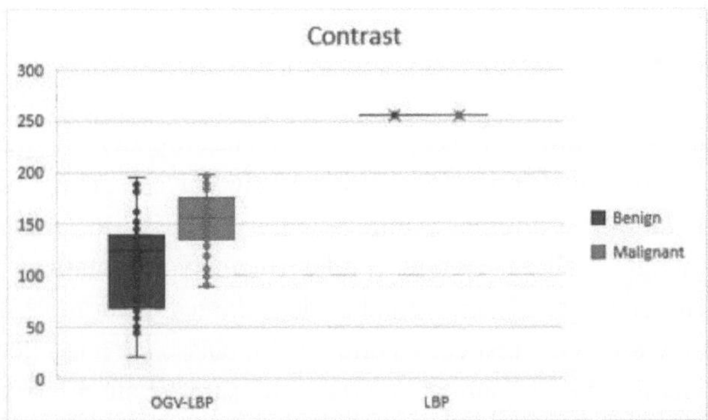

Figura 5.11 Comparação de OGV-LBP vs LBP utilizando contraste

5.5 CONCLUSÃO

A partir dos resultados obtidos, conclui-se que, uma vez que a técnica de extração de características OGV-LBP proposta retém valores de intensidade semelhantes ao mesmo tempo que reduz a dimensionalidade da imagem, as características estatísticas como a média, o desvio padrão, a entropia, a curtose, a variância, a assimetria e o contraste, que são extraídas desta imagem padronizada, fornecem a diferença significativa entre quistos do ovário benignos e malignos.

6. CLASSIFICAÇÃO

Para desenvolver o modelo de diagnóstico computorizado automatizado de duas classes (Benigno e Maligno), são utilizados classificadores. Inicialmente, o classificador é treinado utilizando as características significativas acima indicadas para analisar a diferença entre as características dos quistos do ovário benignos e malignos. Para efetuar a classificação automática, primeiro os valores das características seleccionadas das classes benigna e maligna são aplicados como entrada e a respectiva etiqueta de classe (se a imagem de entrada é benigna ou maligna) é também atribuída como saída. Este processo destina-se a fazer com que o classificador analise a relação entre as características de entrada e a etiqueta da classe correspondente como saída. Neste trabalho, o classificador Support Vetor Machine (SVM) é utilizado porque tem um melhor desempenho em características não lineares e também pode ser treinado facilmente com um menor número de características de treino. O SVM classifica os dados não lineares utilizando o hiperplano como uma área de decisão que separa as duas classes com a margem mais elevada. O desempenho do modelo computorizado proposto é avaliado utilizando as métricas de classificação, como a precisão, a recuperação, a exatidão, a medida-f e a especificidade, que são obtidas a partir da matriz de confusão do classificador SVM. Estas métricas são calculadas utilizando as seguintes equações.

$$Accuracy = \frac{TP+TN}{TP+TN+FP+FN} \tag{6.1}$$

$$Recall\ or\ Sensitivity = \frac{TP}{TP+FN} \tag{6.2}$$

$$Specificity = \frac{TN}{TN+FP} \tag{6.3}$$

em que, TP = Verdadeiro Positivo

FP = Falso positivo

TN = Verdadeiro negativo

FN = Falso Negativo

A partir da Tabela 6.1, é claramente demonstrado que o modelo computorizado baseado em OGV-LBP proposto pode classificar eficazmente as imagens de quisto do ovário transvaginal por ultra-sons 2D em modo B em benignas e malignas. Além disso, é claramente demonstrado que o desempenho do SVM não aumentou sem a aplicação de OGV-LBP, apesar de terem sido utilizadas imagens melhoradas. Por conseguinte, conclui-se que a imagem ROI melhorada com OGV-LBP aumenta significativamente o desempenho da SVM. Neste modelo proposto, a ROI foi segmentada manualmente porque a variação de intensidade entre a ROI e o fundo é muito pequena. Esta não será uma desvantagem significativa quando se considera este modelo para a prática clínica no mundo real, uma vez que a função de rastreio manual está disponível nas máquinas de ultra-sons. A Figura 6.1 descreve o processo geral de classificação do quisto do ovário utilizando SVM.

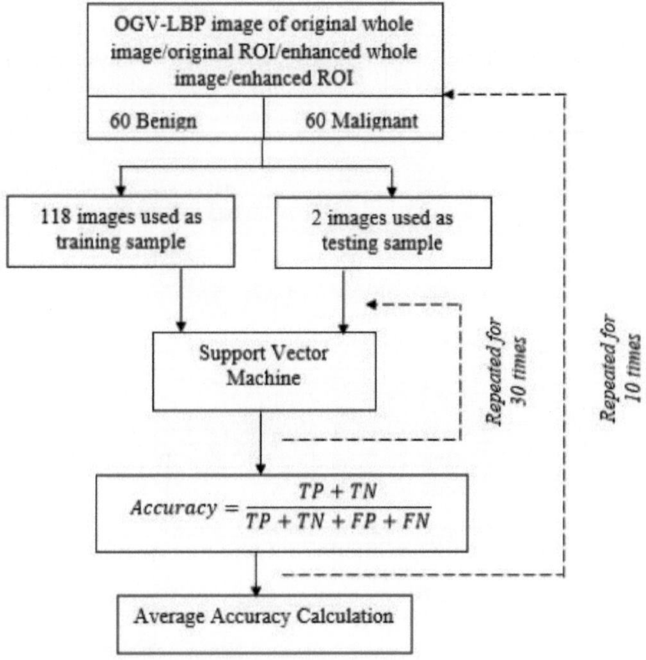

Figura 6.1 Este fluxograma descreve o processo global de classificação do quisto do ovário utilizando SVM.

Tabela 6.1 SVM com e sem utilização de OGV-LBP, desempenho de diagnóstico do modelo computorizado proposto.

Entrada Imagem	Desempenho médio da SVM sem OGV-LBP			Desempenho médio do SVM com OGV-LBP		
	Accura cy	Sensibilid ade	Especifici dade	Accura cy	Sensibilid ade	Especifici dade
Imagem inteira original	0.73	0.71	0.75	0.81	0.85	0.82
Imagem original segmenta	0.77	0.75	0.78	0.85	0.83	0.87

da por ROI						
Melhorar toda a imagem	0.74	0.76	0.73	0.89	0.85	0.83
Imagem segmenta da ROI melhorada	0.77	0.74	0.76	0.92	0.94	0.91

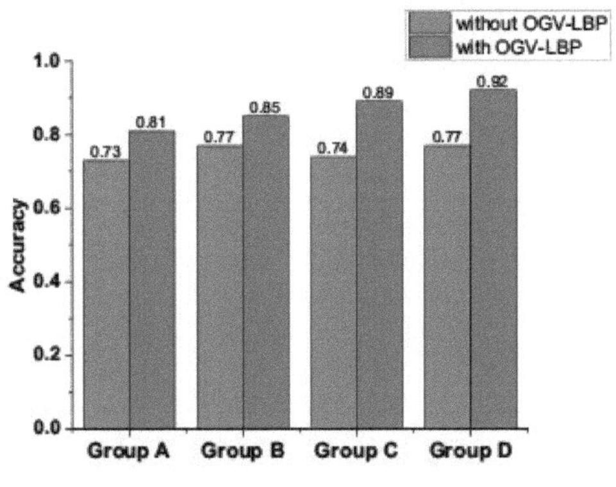

(a)

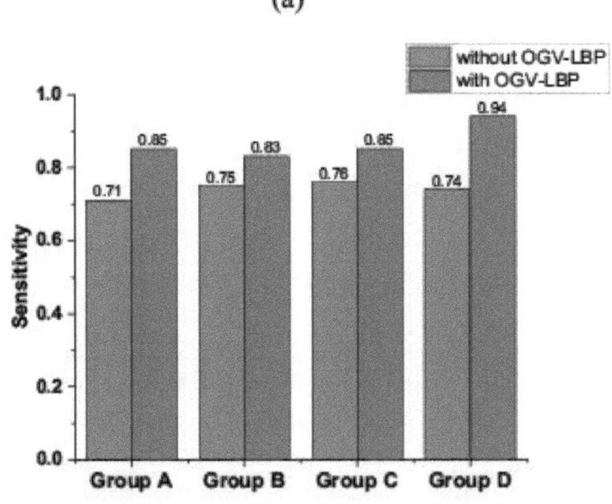

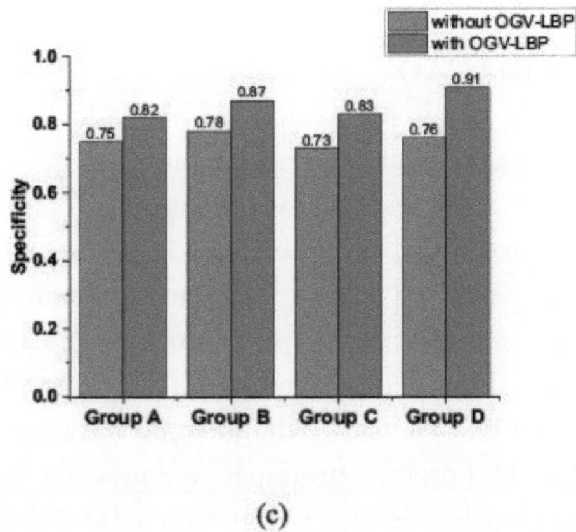

(c)

Figura 6.2 Este gráfico ilustra a comparação do desempenho do modelo existente sem OGV-LBP e do modelo proposto com OGV-LBP.

7. ESTUDO DE VALIDAÇÃO

O modelo desenvolvido foi implementado e avaliado com o MATLAB e a validação do modelo foi efectuada com referência a um ginecologista. Com uma exatidão global de 92%, o modelo proposto é significativamente melhor do que o modelo existente. A exatidão, a especificidade e a sensibilidade do modelo proposto são aceitáveis e o seu desempenho foi validado pelo ginecologista, tendo sido considerado satisfatório. A partir do trabalho existente, observa-se que a ultrassonografia 3D e a ultrassonografia Doppler são necessárias para melhorar o desempenho do sistema de diagnóstico baseado em computador do que a ultrassonografia 2D. Porém, a principal vantagem da ultrassonografia 2D é o baixo custo e a simplicidade de uso. O objetivo deste trabalho foi desenvolver um modelo de diagnóstico computorizado para caraterizar o quisto do ovário como benigno e maligno utilizando imagens de ultra-sons transvaginais do ovário em modo 2D B. A tabela seguinte descreve a comparação do desempenho de vários modelos de diagnóstico computorizados. A **Tabela 7.1** compara o desempenho de vários modelos de diagnóstico computorizados.

Tabela 7.1 Comparação de vários modelos de diagnóstico computorizado

S.N.	Título do artigo	Autores	Metodologia	Precisão da classificação
1	"Caracterização automatizada de imagens de ultrassom do ovário tumores: o precisão do diagnóstico de uma máquina de vectores de apoio e processamento de imagens com um operador local de padrões binários"	S. Khazendar, A. Sayasneh, H. Al-Ass am1, H. Du1, J. Kaijs er, L. Ferrara, D. Timmerman, S. Jassim, T. Bourne	Este estudo incluiu imagens estáticas de ultrassom transvaginal 2D modo B de 187 massas ovarianas com diagnósticos histológicos conhecidos. Os histogramas de padrões binários locais foram extraídos de 2 blocos de cada imagem após pré-processamento e realce. A validação cruzada estratificada com amostragem aleatória foi utilizada para treinar uma máquina de vectores de apoio (SVM). O processo foi efectuado 15 vezes, com 100 imagens escolhidas aleatoriamente em cada ronda.	77%
2	"Identificação de Massa ovariana através	Hemita Pathak &Vrushali	Esta técnica utiliza a transformada wavelet para	92%

	de imagens de ultrassom usandoMachine Técnicas de aprendizagem"	Kulkarni	eliminar o ruído de uma imagem e, em seguida, extrai características de textura de nível cinzento utilizando GLCM. As características extraídas serão treinadas com SVM, e as características seleccionadas não redundantes recolhidas com Relief-F serão treinadas e testadas com SVM. Foi utilizado um total de 60 imagens malignas e benignas de pacientes para validar a abordagem proposta.	
3	"Baseado no conteúdo Recuperaçãoe Classificação de Ultrassom médico Imagens de quistos do ovário"	Abu Sayeed Md. Sohail, Prabir Bhattacharya, SudhirP . Mudur, Srinivasan Krishnamurthy	Este trabalho descreve um método para recuperar e classificar imagens médicas de ultrassom que retratam três formas de cistos ovarianos: cistos simples, endometrioma e teratoma. As características	88.12%
		eLucy Gilbert	para a recolha e categorização de imagens de ultra-sons foram propostos como combinação de momentos do histograma e GrayLevel CoOccurrenceMatrix (GLCM) baseados em descritores estatísticos de textura. Para recuperar imagens, foi utilizado um modelo de semelhança baseado no coeficiente de semelhança de Gower para determinar a relevância entre a imagem de consulta e as imagens de destino. O Fuzzy k-Nearest Neighbour (k-NN)	

			foi utilizado um algoritmo de classificação para classificar as imagens. A precisão de recuperação e classificação do sistema sugerido foi testada utilizando uma base de dados de 478	
			ultrassom do ovário imagens.	
4	"Recuperação e Classificação de Imagens de ultrassom de cistos ovarianos Combinação de características de textura e Momentos do histograma"	Abu Sayeed Md. Sohail, Md. Mahmudur Rahman, Prabir Bhattacharya, Srinivasan Krishnamurthy , Sudhir P. Mudur	Seguem-se os componentes da nossa solução proposta: Recuperação de imagens através de modelo de similaridade baseado no coeficiente de similaridade de Gower, que mede a relevância entre a imagem de consulta e as imagens-alvo, e a classificação das características de baixo nível das imagens de ultra-sons nas categorias de alto nível correspondentes, utilizando um sistema multiclasseSupport Máquina de Vectores (SVM). A eficiência da solução acima referida para a recuperação e classificação de imagens médicas de ultra-sons foi avaliada utilizando uma base de dados atual de 478	86.90%
			ultrassom ovariano imagens.	

A partir da comparação, conclui-se que, embora os modelos computorizados existentes que utilizam a técnica de extração de características GLCM atinjam uma precisão semelhante à do modelo de diagnóstico computorizado proposto, o modelo baseado em LBP é preferido devido às suas vantagens seguintes.

• Capacidade de descrição

- Grau de robustez
- A sua determinação do pixel vizinho
- Combinação com outras técnicas

Outra vantagem importante do modelo proposto baseado no OGV-LBP é o facto de reduzir a dimensionalidade da imagem sem alterar a intensidade original do pixel. Isto é muito importante quando se aplica a técnica de extração de características devido ao facto de muitos dos indicadores significativos utilizados para a caraterização da massa ovárica serem baseados na intensidade do pixel. Uma vez que as imagens benignas e malignas podem ter valores de cinzento semelhantes, em vez da comparação dos bins do histograma (utilizada no LBP tradicional), são extraídas características estatísticas da imagem OGV-LBP benigna e OGV-LBP maligna e utilizadas para treinar o modelo. Isto melhora significativamente o desempenho do modelo computorizado. A técnica proposta foi validada por

60 imagens malignas e 60 imagens benignas de pacientes. O ginecologista avaliou o desempenho do modelo proposto comparando-o com o modelo existente e comentou que o modelo proposto tem um desempenho melhor do que o trabalho anterior. Dado que o LBP é a melhor técnica de extração de características texturais, o modelo proposto utilizou o LBP modificado para melhorar o desempenho e reduzir o tempo de cálculo.

8. CONCLUSÃO E ÂMBITO FUTURO

O modelo de diagnóstico computorizado OGV-LBP proposto pode ser utilizado como uma ferramenta de assistência eficaz para o examinador durante a caraterização do quisto do ovário. Este estudo envolveu quatro etapas: pré-processamento, segmentação, extração de características, seleção de características significativas e classificação. Uma vez que as imagens de ultra-sons são afectadas pelo ruído de speckle, é importante suprimir o ruído para melhorar a qualidade da imagem. Na fase de pré-processamento, foram analisados vários tipos de ruído e filtros. Após a comparação do desempenho de vários filtros, conclui-se que os filtros wavelet homomórficos são bons para remover o ruído speckle das imagens de ultra-sons de quistos dos ovários porque têm um erro quadrático médio mais baixo e uma relação sinal/ruído de pico mais elevada. O segundo passo envolvido neste modelo computorizado é a segmentação da região de interesse, ou seja, a segmentação do quisto do ovário a partir do fundo. Como o quisto do ovário e o fundo parecem semelhantes, é muito importante segmentar o quisto do ovário. Foram analisadas várias técnicas de segmentação de imagens e, finalmente, conseguiu-se uma melhor precisão de segmentação utilizando o melhorador proposto após a técnica de limiarização adaptativa. A partir dos resultados observados, conclui-se que o desempenho do melhorador é superior ao da técnica de limiarização adaptativa. O melhorador proposto melhora a qualidade da imagem segmentada de forma eficiente, removendo as manchas brancas indesejadas. O terceiro processo importante é a extração de características. O principal papel da técnica de extração de características é reduzir o tamanho da imagem para diminuir o tempo de cálculo. Ao reduzir o tamanho da imagem, a técnica de extração de características deve manter o valor original da intensidade. Assim, as características extraídas desta imagem fornecerão informações significativas entre quisto do ovário benigno e maligno.

A nossa principal contribuição neste estudo centrou-se na etapa de extração de características. A técnica proposta de extração de características baseada no valor de cinzento original (OGV-LBP) reduz o tempo computacional ao reduzir a dimensionalidade da imagem sem alterar a intensidade original da imagem do quisto do ovário. Por conseguinte, as características extraídas desta imagem OGV-LBP diferenciam significativamente o quisto do ovário benigno e maligno. Além disso, testámos a eficiência das características extraídas do histograma da imagem LBP e da imagem OGV-LBP, aplicando essas características ao classificador SVM. Finalmente, conclui-se que as características extraídas da imagem OGV-LBP melhoram significativamente o desempenho do modelo computorizado e atingem uma precisão média de 92%. O desempenho do modelo proposto foi validado pelo ginecologista e considerado satisfatório. O trabalho proposto pode ser alargado utilizando técnicas de aprendizagem profunda com um conjunto de dados maior, o que aumentará a precisão do modelo de diagnóstico computorizado.

REFERÊNCIAS

[1] "Manual de diagnóstico por ultrassom", Segunda Edição, Organização Mundial de Saúde 2011.

[2] George York e Youngmin Kim, "Ultrasound processing and computing: Review and Future Directions",
Annu.Rev.Biomed.1999.01:559-588.

[3] "Inside Ultrasound", Steve Taranovich - 12 de março de 2013.

[4] Kamaljeet kaur, "Digital image processing in Ultrasound images", International Journal on Recent and Innovation Trends in Computing and Communication-2013, Volume 1 Issue 4 ISSN 2321-8169,p.388-393.

[5] Jeffery C. Bamber "Image Formation and Image Processing in Ultrasound".

[6] Murtaza Ali, Dave Magee e Udayan Dasgupta, "Signal Processing Overview of Ultrasound Systems for Medical Imaging", novembro de 2008.

[7] Xiaohui Li, "Ultrasound Scan Conversion on TI's C64X + DSPs", março de 2009.

[8] Lakshmi Prabha. P, Nimajudith Vinmathi e Manjunath
Ramachandran, "Image Scan line Conversion for Portable Ultrasound Machine", Proceedings of IJJCET 2011.

[9] Rajneet Kaur e Jaspreet Kaur, "Comparative Analysis of Speckle Reduction Techniques in Ultrasound Images", International Journal of Computer Application in Engineering Sciences, Volume III, Issue I, março de 2013.

[10]   Ratil Hasnat Ashique e Md.Imrul Kayes, "Speckle Noise Reduction from Medical Ultrasound Images - A Comparative Study", IOSR-JEEE, Volume 7, Edição 1 julho - agosto de 2013.

[11]   P.S Hiremath e Prema T. Akkasaligar, "Speckle Reducing Contourlet Transform for Medical Ultrasound Images", Academia Mundial de Ciência, Engenharia e Tecnologia, Vol-5,21-08- 2011.

[12]   Milindkumar V. Sarode e Prashant R. Deshmukh, "Reduction of Speckle Noise and Image Enhancement of Images using Filtering Technique", International Journal of Advancements in Technology, Vol 2,Jan 2011.

[13]   R.Sivakumar e D.Nedumaran, "Comparative Study of Speckle Noise Reduction of Ultrasound B-Scan Images in Matrix Laboratory Environment", International Journal of Computer Applications, Volume 10, Nov 2010.

[14]   T. Radha Jeyalakshmi e K.Ramar, "A Modified Method for Speckle Noise Removal in Ultrasound Medical Images", International Journal of Computer & Electrical Engineering, Volume 2, Feb 2010.

[15]   Anita Garg e Jyoti Goal, "De-speckling of Medical Ultrasound
Images using Wiener Filter and Wavelet Transform", IJECT, Vol 2, Issue 3, Sept 2011.

[16]   Tajineder Kaur e Manjit Sandhu, "Performance Comparison of Transform Domain for Speckle Reduction in Ultrasound Images", International Journal of Engineering Research & Applications, Volume 2, Issue 1, pp 184-188.

[17]   Sudha .S, Suresh.G.R e Sukanesh.R, "Speckle Noise Reduction in Ultrasound Images by Wavelet Thresholding based on Weighted Variance", International Journal of Computer Theory & Engineering, Vol 1, abril de 2009.

[18]   Ashika Raj, "Ovarian follicle Detection for Polycystic Ovary Syndrome using Fuzzy C- mean Clustering", IJCTT-Volume 4, Edição 7, julho de 2013.

[19]   P.S Hiremath e Jyothi R Tegnoor, "Follicle Detection and Ovarian Classification   in   Digital   Ultrasound   Images   of   Ovaries", http://dx.doi.org/10.5772/56518,2013.

[20]   Jyothi R Tegnoor," Automated Ovarian Classification in Digital Ultrasound Images Using SVM", International Journal of Engineering Research & Technology, Volume 1, Issue 6, Aug 2012.

[21]   P.S. Hiremath e Jyothi R. Tegnoor, "Automatic Detection of Follicles in Ultrasound Images of Ovaries using Edge based Method", IJCA Special Issue on" Recent Trends in Image Processing & Pattern Recognitition", 2010.

[22]   P.S. Hiremath e Jyothi R. Tegnoor, "Automatic Detection of Follicles in Ultrasound Images of Ovaries using Active Contours Method",IEEE International Conference on Computational
Investigação em Inteligência e Computação, 2010.

[23]   Prema T. Akkasaligar & Girijamma V.Malagavi, "Detection of Cysts in Medical Ultrasound Images of Ovary", Actas da 5ª Conferência Internacional SARC-IRF, maio de 2014.

[24]   G. Juan L. Mateo e Antonio Fernandez-Caballero/'Fmdmg out general tendencies in speckle noise reduction in ultrasound images", Expert Systems with Applications 36 (2009) 7786-7797.

[25]   R. Sivakumar, Membro IACSIT, M. K. Gayathri e D. Nedumaran, Membro IEEE, IACSIT,' Speckle Filtering of Ultrasound B-Scan Images- A Comparative Study of Single Scale Spatial Adaptive Filters, Multiscale Filter and Diffusion Filters', IACSIT International Journal of Engineering and Technology, Vol.2, No.6, December 2010.ISSN: 1793-8236.

[26]   T. Joel e R. Sivakumar,' Despeckling de imagens médicas de ultrassom: A Survey', Journal of Image and Graphics Vol. 1, No. 3, setembro de 2013.

[27]   Bhavik D. Maheta, Ratansing N. Patel e Kishol Bhamaniya,' Comparative Analysis of Image Denoising by Filtering Techniques', International Journal for Scientific Research & Development| Vol. 2, Issue 03, 2014 | ISSN (online): 2321-0613.

[28]   Simily Joseph, Kannan Balakrishnan, M.R. Balachandran Nair e Reji

Rajan Varghese,' Ultrasound Image Despeckling using Local Binary Pattern Weighted Linear Filtering', I.J. Information Technology and Computer Science, 2013, 06, 1-9 Publicado Online em maio de 2013 na MECS (http://www.mecs-press.org/) DOI: 10.5815/ijitcs.2013.06.01.

[29]   Parminder Pal Kaur, Tejinderpal Singh," Redução do ruído de manchas em imagens de ultrassom: Performance Analysis and Comparison", International Journal of Engineering Research & Technology (IJERT) ISSN: 2278-0181.Vol. 3 Issue 7, July - 2014.

[30]   S.Sudha, G.R.Suresh e R.Sukanesh," Speckle Noise Reduction in Ultrasound Images by Wavelet Thresholding based on Weighted Variance", International Journal of Computer Theory and Engineering, Vol. 1, No. 1, April 2009 1793-8201.

[31]   Alka Vishwa e Alka Vishwa," Speckle Noise Reduction in Ultrasound Images by Wavelet Thresholding", International Journal of Advanced Research in Computer Science and Software Engineering, Volume 2, Issue 2, fevereiro de 2012.

[32]   R. Sivakumar e D. Nedumaran," Comparative study of Speckle Noise Reduction of Ultrasound B-scan Images in Matrix Laboratory Environment", International Journal of Computer Applications (0975 - 8887) Volume 10- No.9, November 2010.

[33]   Jappreet Kaur, Jasdeep Kaur e Manpreet Kaur," Survey of Despeckling Techniques for Medical Ultrasound Images", Jappreet kaur et al, Int. J. Comp. Tech. Appl., Vol 2 (4), 1003-1007. IJCTA, julho-agosto de 2011.

[34]   M. Mansourpour , M.A. Rajabi e J.A.R. Blais," Effects and Performance of Speckle Noise Reduction Filters on Active Radar and SAR Images".

[35]   Sapna Varshney, S, Rajpal, N. ; Purwar, R. Comparative study of image segmentation techniques and object matching using segmentation, Methods and Models in Computer Science, 2009.
ICM2CS 2009. IEEE,ISBN 978-1-4244-5051-0.

[36]   Kalpana Saini, M.L.Dewal, Manojkumar Rohit, Imagem de ultrassom e segmentação de imagem na área de ultrassom: A Review, International Journal of Advanced Science and Technology,Vol. 24, November, 2010.

[37]   Rajeshwar Dass,Priyanka,Swapna Devi,Image segmenatation techniques, IJECT Vol. 3, Issue 1, Jan. - March 2012 ISSN : 22307109 (Online) | ISSN : 2230-9543.

[38]   Uma Mageswari S, Sridevi M, Mala C, Um estudo experimental e análise de diferentes técnicas de segmentação de imagens, Conferência Internacional sobre Design e Fabrico, IconDM 2013, Elsevier Procedia Engineering 64 (2013) 36 - 45.

[39] H.P. Narkhede, Review of Image Segmentation Techniques, International Journal of Science and Modern Engineering (IJISME) ISSN: 2319-6386, Volume-1, Issue-8, julho de 2013.

[40] A. M. Khan, Ravi. S, Métodos de segmentação de imagem: A Comparative Study, International Journal of Soft Computing and Engineering (IJSCE) ISSN: 2231-2307, Volume-3, Issue-4, setembro de 2013.

[41] M.S.Abirami,Dr.T.Sheela,Analysis of image segmentation techniques for medical images,International conference on emerging research in computing,informaationcommunication and applications,ERCICA-14, Elsevier Procedia Engineering.

[42] Swati Matta,Review:Various image segmentation techniques, Swati Matta / (IJCSIT) International Journal of Computer Science and Information Technologies, Vol. 5 (6) , 2014, 7536-7539.

[43] Brunda, R., Divyashree, B., & Shobha Rani, N. (2018). Técnica de segmentação de imagem - Um estudo comparativo. Revista Internacional de Engenharia e Tecnologia (EAU), 7(4), 3131-3134. https://doi.org/10.14419/ijet.v7i4.18445.

[44] Prabha, D. S., & Kumar, J. S. (2016). Avaliação do desempenho da segmentação de imagens utilizando métodos objectivos. Indian Journal of Science and Technology, 9(8), 1-8. https://doi.org/10.17485/ijst/2016/v9i8/87907.

[45] Qian, S., & Weng, G. (2016). Segmentação de imagens médicas baseada em FCM e algoritmo Level Set. Actas da Conferência Internacional do IEEE sobre Engenharia de Software e Ciências dos Serviços, ICSESS, 0(Figura Id), 225-228. https://doi.org/10.1109/ICSESS.2016.7883054.

[46] Sarpe, A. I. (2010). Segmentação de imagens com clustering K-means andwatershed transform. 2ª Conferência Internacional sobre Avanços em Multimédia, MMEDIA 2010, 1(2), 13-17. https://doi.org/10.1109/MMEDIA.2010.31.

[47] Sharma, A., Kumar, R., & Mansotra, V. (2016). Algoritmo de stemming proposto para recuperação de informações em hindi. Jornal Internacional de Pesquisa Inovadora em Engenharia da Computação e Comunicação (Uma Organização Certificada ISO), 3297(6), 11449-11455. https://doi.org/10.15680/IJIRCCE.2016.

[48] Singh, L., Singh, S., & Aggarwal, N. (2019). Actas da 2ª Conferência Internacional sobre Comunicação, Computação e Redes. Na 2ª Conferência Internacional sobre Comunicação, Computação e Redes (Vol. 46). Springer Singapore. https://doi.org/10.1007/978-981-13-1217-5.

[49]   Singh, T. R., Roy, S., Singh, O. I., Sinam, T., & Singh, K. M. (2012). Uma nova técnica de limiarização adaptativa local na binarização. 8(6), 271-277. http://arxiv.org/abs/1201.5227.

[50]   Upadhyay, P. K., Chandra, S., & Sharma, A. (2016). Uma nova abordagem de limiarização adaptativa para segmentação de imagem na GPU. 2016 4ª Conferência Internacional sobre Computação Paralela, Distribuída e em Grade,   PDGC2016 ,   652-655. https://doi.org/10.1109/PDGC.2016.7913203.

[51]   V.D.Ambeth   Kumar,   Dr.M.Ramakrishnan,   V.D.Ashok   Kumar   e Dr.S.Malathi (2015) "Performance Improvement using an Automation System for Recognition of Multiple Parametric Features based on Human Footprint. para o International Journal of kuwait journal of science & engineering, Vol 42, No 1 (2015), pp:109-132.

[52]   Ambeth Kumar S. Malathi R. Venkatesan K Ramalakshmi, Weiping Ding, Abhishek Kumar "Exploration of an innovative geometric parameter based on performance enhancement for foot print recognition", Journal of Intelligent and Fuzzy System , vol. 38, n.º 2, pp. 2181-2196, 2020.

[53]   V.D.Ambeth Kumar, Dr.S.Malathi, V.D.Ashok Kumar (2015) "Melhoria do desempenho usando um sistema de automação para segmentação de múltiplas características paramétricas baseadas na pegada humana" para o Journal of Electrical Engineering & Technology (JEET) , vol. 10, no. 4, pp.1815-1821 , 2015.

[54]   Adhikari, Gourab, Rohan Mukherjee e Tanmoy Dasgupta. 2018. "Uma técnica local adaptativa de correção de histograma por região e limiarização para imagens muito mal iluminadas". Conferência Internacional de 2018 sobre comunicações sem fios, processamento de sinais e redes, WiSPNET 2018: 1-5.

[55]   Bogachev, M. I., O. A. Markelov e V. Yu Volkov. 2019. "Seleção adaptativa de objetos com base no processamento de imagens com vários limites". 2019 Wave Electronics e sua aplicação em sistemas de informação e telecomunicações, WECONF 2019: 15.

[56]   Brunda, R., B. Divyashree, e N. Shobha Rani. 2018. "Técnica de segmentação de imagens - um estudo comparativo". Revista Internacional de Engenharia e Tecnologia (EAU) 7(4): 3131-34.

[57]   Cahyono, B., Adiwijaya, M. S. Mubarok, e U. N. Wisesty. 2017. "Uma implementação de rede neural convolucional na classificação PCO baseada em imagem de ultrassom". 2017 5ª Conferência Internacional sobre Tecnologia da Informação e Comunicação, ICoIC7 2017 0(c): 3-6.

[58]   Choi, Hyunho, e Jechang Jeong. 2018. "Redução de ruído de manchas em imagens de ultrassom usando SRAD e filtro guiado". Workshop internacional de

2018 sobre tecnologia de imagem avançada, IWAIT 2018: 1-4.

[59] Denny, Amsy et al. 2019. "I-HOPE: Sistema de deteção e previsão para a síndrome do ovário policístico (SOP) usando técnicas de aprendizado de máquina". Conferência Internacional Anual da Região 10 do IEEE, Proceedings/TENCON 2019-outubro: 673-78.

[60] Deshpande, Sharvari S., e Asmita Wakankar. 2015. "Deteção automatizada da síndrome do ovário policístico usando o reconhecimento de folículos". Actas da Conferência Internacional IEEE de 2014 sobre Tecnologias Avançadas de Comunicação, Controlo e Computação, ICACCCT 2014 (978): 1341-46.

[61] Dewi, R. M., Adiwijaya, U. N. Wisesty e Jondri. 2018. "Classificação do ovário policístico com base em imagens de ultrassom usando rede neural competitiva". Journal of Physics: Conference Series 971(1).

[62] Gopalakrishnan, C., e M. Iyapparaja. 2019. "Contorno ativo com método Otsu modificado para deteção automática da síndrome do ovário policístico a partir da imagem de ultrassom do ovário". Ferramentas e aplicações multimédia.

[63] Hiremath, P. S., e Jyothi R. Tegnoor. 2010. "Deteção de folículos em imagens de ultrassom de ovários usando o método de contornos ativos". Actas da Conferência Internacional de 2010 sobre Processamento de Sinais e Imagem, ICSIP 2010: 286-91.

[64] Jada, Faiza Babakano, A M Aibinu, e A J Onumanyi. 2015. "Métricas de desempenho para técnicas de segmentação de imagens: A Review". (outubro): 344-48.

[65] Kaur, Dilpreet, e Yadwinder Kaur. 2014. "Várias técnicas de segmentação de imagens: A Review." International Journal of Computer Science and Mobile Computing 3(5): 809-14, data de acesso: 18/05/2016.

[66] Kiruthika, V., e M. M. Ramya. 2014. "Segmentação automática do folículo ovariano usando agrupamento K-Means". Anais - 2014 5ª Conferência Internacional sobre Processamento de Sinais e Imagens, ICSIP 2014: 137-41.

[67] Kumar, H. Prasanna e S. Srinivasan. 2014. "Segmentação do ovário policístico em imagens de ultrassom". 2ª Conferência Internacional sobre Tendências Atuais em Engenharia e Tecnologia, ICCTET 2014: 237-40.

[68] Lawrence, Maryruth J., Mark G. Eramian, Roger A. Pierson e Eric Neufeld. 2007. "Deteção Assistida por Computador da Morfologia do Ovário Policístico em Imagens de Ultrassom". Actas - Quarta Conferência Canadiana sobre Visão de Computadores e Robôs, CRV 2007: 105-12.

[69] Mandal, Ardhendu et al. 2020. "EasyChair Preprint Segmentação de folículos usando agrupamento de K-Means a partir de imagem de ultrassom do ovário Segmentação de folículos usando agrupamento de K-Means a partir de

imagem de ultrassom do ovário."

[70] Norouzi, Alireza et al. 2014. "Métodos, algoritmos e aplicações de segmentação de imagens médicas". IETE Technical Review (Instituição de Engenheiros de Eletrónica e Telecomunicações, Índia) 31(3): 199-213. http://dx.doi.org/10.1080/02564602.2014.906861.

[71] Prabha, D. Surya e J. Satheesh Kumar. 2016. "Avaliação de desempenho da segmentação de imagens usando métodos objetivos". Indian Journal of Science and Technology 9(8): 1-8.

[72] Purnama, Bedy et al. 2015. "Uma classificação da síndrome do ovário policístico baseada na deteção de folículos de imagens de ultrassom". 2015 3ª Conferência Internacional sobre Tecnologia da Informação e Comunicação, ICoICT 2015: 396-401.

[73] Qian, Sen e Guirong Weng. 2016. "Segmentação de imagens médicas Baseado no FCM e no algoritmo Level Set". Actas da Conferência Internacional do IEEE sobre Engenharia de Software e Ciências dos Serviços, ICSESS 0(Figura Id): 225-28.

[74] Raj, Ashika. 2013. "Deteção de folículo ovariano para síndrome do ovário policístico usando agrupamento Fuzzy C-Means". Jornal Internacional de Tendências e Tecnologias Informáticas (IJCTT) 4(7): 2146-49.

[75] Sankur, Bu'lent. 2002. "Avaliação estatística de medidas de qualidade de imagem". Journal of Electronic Imaging 11(2): 206.

[76] Sarpe, Adelina Iulia. 2010. "Segmentação de imagens com clustering K-Means e transformada de bacia hidrográfica". 2ª Conferência Internacional sobre Avanços em Multimédia, MMEDIA 2010 1(2): 13-17.

[77] Sarty, Gordon E., Weidong Liang, Milan Sonka e Roger A. Pierson. 1998. "Segmentação Semiautomatizada de Imagens de Ultrassom Folicular Ovariano Usando um Algoritmo Baseado em Conhecimento." Ultrassom em Medicina e Biologia 24(1): 27-42.

[78] Setiawati, E., Adiwijaya, e A. B.W. Tjokorda. 2015. "Otimização de enxame de partículas na segmentação de folículos para apoiar a deteção de PCOS". 2015 3ª Conferência Internacional sobre Tecnologia da Informação e Comunicação, ICoICT 2015: 369-74.

[79] Sharma, Anshu, Rakesh Kumar e Vibhakar Mansotra. 2016. "Algoritmo de stemming proposto para recuperação de informações em hindi". Jornal Internacional de Pesquisa Inovadora em Engenharia da Computação e Comunicação (Uma Organização Certificada ISO) 3297(6): 11449-55.

[80] Sheela, S., e M. Sumathi. 2015. "Estudo e investigações teóricas sobre PCOS". Conferência Internacional IEEE 2014 sobre Inteligência Computacional e Pesquisa em Computação, IEEE ICCIC 2014:

559-88.

[81] Sheela, S., M. Sumathi, e G. Nirmala Priya. 2016. "Análise comparativa de várias técnicas de filtragem para supressão de ruído de manchas em imagens de ultrassom". Revista Internacional de Teoria e Aplicações de Controlo 9(2): 419-33.

[82] Singh, Lovejit, Sarbjeet Singh e Naveen Aggarwal. 2019. 46 2ª Conferência Internacional sobre Comunicação, Computação e Redes Actas da 2ª Conferência Internacional sobre Comunicação, Computação e Redes. Springer Singapore. http://link.springer.com/10.1007/978-981-13-1217-5.

[83] Singh, T. Romen et al. 2012. "Uma nova técnica de limiarização adaptativa local na binarização". 8(6): 271-77. http://arxiv.org/abs/1201.5227.

[84] Soni, Palvi, e Sheveta Vashisht. 2018. "Exploração sobre a Síndrome do Ovário Policístico e Técnicas de Mineração de Dados". Actas da 3.ª Conferência Internacional sobre Sistemas de Comunicação e Eletrónica, ICCES 2018 (Icces): 816-20.

[85] Srivastava, Sakshi, Prince Kumar, Vaishali Chaudhry e Anuj Singh. 2020. "Deteção de cisto ovariano em imagens de ultrassom usando rede de aprendizado profundo VGG - 16 ajustada". SN Ciência da Computação: 1-8. https://doi.org/10.1007/s42979-020-0109- 6.

[86] Suji, G Evelin, Y V S Lakshmi, e G Wiselin Jiji. 2013. "Estudo comparativo sobre algoritmos de segmentação de imagens". (3): 400405.

[87] Upadhyay, Pawan Kumar, Satish Chandra e Arun Sharma. 2016. "Uma nova abordagem de limiarização adaptativa para segmentação de imagens na GPU". 2016 4ª Conferência Internacional sobre Computação Paralela, Distribuída e em Grade, PDGC 2016: 652-55.

[88] Vij, Sugandhi, Sandeep Sharma e Chetan Marwaha. 2013. "Avaliação de desempenho da segmentação de imagens coloridas usando a técnica de agrupamento K Means e Watershed". 2013 4ª Conferência Internacional sobre Computação, Comunicações e Tecnologias de Rede, ICCCNT 2013: 4-7.

[89] Zaitoun, Nida M., e Musbah J. Aqel. 2015. "Pesquisa sobre técnicas de segmentação de imagens". Procedia Computer Science 65(Iccmit): 797-806. http://dx.doi.org/10.1016/j.procs.2015.09.027.

[90] Zhang, Hui, Jason E. Fritts e Sally A. Goldman. 2008. "Avaliação da segmentação de imagens: A Survey of Unsupervised Methods". Computer Vision and Image Understanding 110(2): 260-80.

[91] Bala, R. (2017). Pesquisa sobre métodos de extração de recursos de textura. 7(4), 10375-10377.

[92] Chakraborti, T., McCane, B., Mills, S., & Pal, U. (2018). Descritor

LOOP: Padrão local orientado para o ideal. Cartas de Processamento de Sinais do IEEE, 25(5), 635-639.
https://doi.org/10.1109/LSP.2018.2817176

[93] Esfahanian, M., Zhuang, H., & Erdol, N. (2013). Utilização de padrões binários locais como características para a classificação de chamadas de golfinhos. 134(julho), 105-112.

[94] George, M., & Zwiggelaar, R. (2019). Estudo comparativo sobre padrões binários locais para densidade mamográfica e risco
scoring f. Journal of Imaging, 5(2). https://doi.org/10.3390/jimaging5020024

[95] Huang, D., Shan, C., Ardabilian, M., Wang, Y., & Chen, L. (2011). Padrões binários locais e sua aplicação à análise de imagens faciais: A survey. IEEE Transactions on Systems, Man and Cybernetics Part C: Applications and Reviews, 41(6), 765-781.
https://doi.org/10.1109/TSMCC.2011.2118750

[96] Jabid, T., Kabir, M. H., & Chae, O. (2010a). Classificação de género utilizando o padrão direcional local (LDP). Actas - Conferência Internacional sobre Reconhecimento de Padrões, 2162-2165.
https://doi.org/10.1109/ICPR.2010.373

[97] Jabid, T., Kabir, M. H., & Chae, O. (2010b). Local Directional Pattern (LDP) - Um descritor de imagem robusto para reconhecimento de objectos. Actas - Conferência Internacional do IEEE sobre vigilância avançada baseada em vídeo e sinais, AVSS 2010, 482-487.
https://doi.org/10.1109/AVSS.2010.17

[98] Kumar, G. (2014). Uma revisão detalhada da extração de recursos em sistemas de processamento de imagens. março.
https://doi.org/10.1109/ACCT.2014.74

[99] Kumar, G., & Bhatia, P. K. (2014). Uma revisão detalhada da extração de características em sistemas de processamento de imagem. Conferência Internacional sobre Computação Avançada e Comunicação
Tecnologias,ACCT, 5-12.
https://doi.org/10.1109/ACCT.2014.74

[100] Lee, S. W. (1996). Reconhecimento off-line de numerais manuscritos totalmente sem restrições usando uma rede neural de agrupamento multicamadas. IEEE Transactions on Pattern Analysis and Machine Intelligence, 18(6), 648-652. https://doi.org/10.1109/34.506416

[101] Mattivi, R., & Shao, L. (2009). Human action recognition using LBP-TOP as sparse Spatio-temporal feature descriptor. Lecture Notes in Computer Science (Incluindo a subsérie Lecture Notes in Artificial Intelligence e Lecture Notes in Bioinformatics), 5702 LNCS, 740-747. https://doi.org/10.1007/978-3-

642-03767-2_90

[102] Sheela, S., e M. Sumathi. 2015. "Estudo e investigações teóricas sobre PCOS". Conferência Internacional IEEE 2014 sobre Inteligência Computacional e Pesquisa em Computação, IEEE ICCIC 2014: 559-88.

[103] NIH, "Ovarian, fallopian tube, and primary peritoneal cancer prevention (PDQ®)-patientversion ." Retrievedfrom https://www.ncbi.nlm.nih.gov/books/NBK65937/(2017).

[104] Momenimovahed Z, Ghoncheh M, Pakzad R, et al. Incidência e mortalidade do cancro do útero e relação com o índice de desenvolvimento humano no mundo. Cukurova Med J. 2017;42(2):233-240.doi:10.17826/cutf.322865.

[105] Coburn S, Bray F, Sherman M, et al. Padrões e tendências internacionais na incidência do cancro do ovário, global e por subtipo histológico. *Int J Cancer.* 2017;140(11):2451-2460. doi:10.1002/ijc.30676.

[106] Guerriero S, Saba L, Alcazar JL, et al. Past, Present and Future Ultrasonographic Techniques for Analyzing Ovarian Masses. Saúde da Mulher. maio de 2015:369-383.

[107] Lupean, R.-A.; Stefan, P.-A.; Oancea, M.D.; Malutan, A.M.; Lebovici, A.; Puscas, M.E.; Csutak, C.; Mihu, C.M. Tomografia Computadorizada no Diagnóstico de Cistos Ovarianos: O papel dos valores de atenuação de fluido. Healthcare 2020, 8, 398.

[108] Lupean RA, Stefan PA, Feier DS, Csutak C, Ganeshan B, Lebovici A, Petresc B, Mihu CM. Radiomic Analysis of MRI Images is Instrumental to the Stratification of Ovarian Cysts. J Pers Med. 2020 Sep 14;10(3):127.

[109] S.A.A. Sohaib e R.H. Reznek, "MR imaging in ovarian cancer",Cancer Imaging (2007) 7, S119S129 DOI: 10.1102/14707330.2007.9046.

[110] Sheela, S et al. 2020. "Análise de vários descritores texturais para classificação de cisto ovariano". Sistemas Inteligentes e Tecnologia Informática, Avanços em Computação Paralela, Volume 37, ISBN: 978-1-64368-102-3 (impresso) | 978-1-64368-103-0 (online), 2020.

[111] Yoneda A, Lendorf ME, Couchman JR, Multhaupt HA. Cancros da mama e do ovário: um estudo e possíveis papéis para os proteoglicanos de sulfato de heparano da superfície celular. *J HistochemCytochem.* 2012;60(1):9-21. doi:10.1369/0022155411428469.

[112] Badgwell D, Bast JRC. Early detection of ovarian cancer (Deteção precoce do cancro do ovário). *Dis Markers.* 2007;23(5-6):397-410.

[113] Jacobs IJ, Menon U. Progress and challenges in screening for early detection of ovarian cancer (Progressos e desafios no rastreio para deteção precoce do cancro do ovário). *Mol Cell Proteomics.* 2004;3(4):355- 366.

doi:10.1074/mcp.R400006-MCP200.

[114] Acharya, U.R., Molinari, F., Sree, S.V.,et al. Caracterização do tecido ovárico   em ultrassom:
areview.Technol.CancerRes.Treat. 14,251-261(2015)

[115] Acharya, U.R., Sree, S.V., Kulshreshtha, S., et al. GyneScan: um paradigma online melhorado para o rastreio do cancro do ovário através da caraterização de tecidos. Technol. Cancer Res. Treat. 13, 529-539(2014)

[116] Lucidarme, O., Akakpo, J.-P., Granberg, S., et al. A new computer- aided diagnostic tool for non-invasive characterisation of malignant ovarian masses: results of a multicentre validation study. Eur. Radiol. 20, 1822-1830(2010)

[117] Zimmer, Y., Tepper, R., Akselrod, S.: Uma abordagem automática para análise morfológica e avaliação de malignidade de massas ovarianas usando B-scans. Ultrasound Med. Biol. 29, 1561 -1570 (2003)

[118] Acharya, U.R., Krishnan, M.M.R., Saba, L., et al.Caracterização de tumores ovarianos usando ultrassom 3D. Em: Saba, L., Acharya, U., Guerriero, S., Suri, J. (eds.) Ovarian Neoplasm Imaging, pp. 399412. Springer, Boston, MA (2013)

[119] Acharya, U.R., Mookiah, M.R.K., Sree, S.V., et al. Evolutionary algorithm-based classifier parameter tuning for automatic ovarian cancer tissue characterization and classification. UltraschallMedizin Eur. J. Ultrasound 35, 237-245(2014)

[120] Acharya, U.R., Sree, S.V., Saba, L., et al.Caracterização e classificação de tumores do ovário utilizando ultra-sons - um novo paradigma online. J. Digit. Imaging 26, 544-553(2013)

[121] Hata, T., Yanagihara, T., Hayashi, K., et al.Avaliação ultrassonográfica tridimensional de tumores ovarianos: um estudo preliminar. Hum. Reprod. 14, 858-862(1999)

[122] https://radiopaedia.org/articles/iota-ultrasound-rules-for-ovarian- massas.

[123] S. Khazendar, A. Sayasneh, H. Al-Ass am, H. Du, J. Kaijs er, L. Ferrara, D. Timmerman,S. Jassim, T. Bourne," Caracterização automatizada de imagens de ultrassom de tumores ovarianos: a precisão do diagnóstico de uma máquina de vetor de suporte e processamento de imagem com um operador de padrão binário local", Facts Views Vis Obgyn, 2015, 7 (1): 7-15.

[124] Dhurgham Al-karawi , Hisham Al-Assam, Hongbo Du,Ahmad Sayasneh, Chiara Landolfo,Dirk Timmerman, Tom Bourne, e Sabah Jassim, "An Evaluation of the Effectiveness of Image-based Texture Features Extracted from Static B-mode Ultrasound Images in Distinguishing between Benign and Malignant Ovarian Masses", Ultrasonic Imaging 2021, Vol. 43(3) 124-138.

[125] S. Il Jung, "Ultrassonografia de massas ovarianas usando uma abordagem

de reconhecimento de padrões", Ultrasonography, vol. 34, no. 3, pp. 173182, 2015, doi: 10.14366/usg.15003.

[126] Rahman, Md Akizur, Ravie Chandren Muniyandi, Kh Tohidul Islam e Md Mokhlesur Rahman. 2019. "Análise da precisão da classificação do câncer de ovário usando o modelo de redes neurais artificiais de 15 neurônios". Conferência de estudantes do IEEE de 2019 sobre pesquisa e desenvolvimento, SCOReD 2019: 33-38.

[127] Sohail, Abu Sayeed, Prabir Bhattacharya e Sudhir P Mudur. 2010. "Recuperação e classificação baseadas em conteúdo de imagens médicas de ultrassom de cistos ovarianos". Redes Neurais Artificiais em Reconhecimento de Padrões ANNPR 2010: 173-84.

[128] Ojala, Timo, Matti Pietikainen e David Harwood. 1996. "Um Estudo Comparativo de Medidas de Textura com Classificação Baseada em Distribuições de Características". Pattern Recognition 29(1): 51-59.

[129] Ojala, Timo, Matti Pietikainen, e Topi Maenpaa. 2002. "Classificação de texturas em escala de cinzentos multiresolução e invariante à rotação com padrões binários locais". IEEE Transactions on Pattern Analysis and Machine Intelligence 24(7): 971-87.

[130] Priya, G. Nirmala, e R. S.D.Wahida Banu. 2012. "Deteção de imagem facial ocluída usando matriz de peso baseada em média e máquina de vetor de suporte". Journal of Computer Science 8(7): 1184-90.

[131] Sree Vidya, B., e E. Chandra. 2019. "Técnica de extração de recursos de padrão binário local baseado em entropia (ELBP) de biometria multimodal como mecanismo de defesa para armazenamento em nuvem". Alexandria Engineering Journal 58(1): 103-14. https://doi.org/10.1016/j.aej.2018.12.

yes
I want morebooks!

Buy your books fast and straightforward online - at one of world's fastest growing online book stores! Environmentally sound due to Print-on-Demand technologies.

Buy your books online at
www.morebooks.shop

Compre os seus livros mais rápido e diretamente na internet, em uma das livrarias on-line com o maior crescimento no mundo! Produção que protege o meio ambiente através das tecnologias de impressão sob demanda.

Compre os seus livros on-line em
www.morebooks.shop

Printed by Books on Demand GmbH, Norderstedt / Germany